ICH BIN MIT MEINER KINDHEIT VERBUNDEN

Am richtigen Ort

Ich schlendere durch die Straßen von New York, mein Handy klingelt. Benny, ein Kollege, den ich noch aus meiner Hamburger Zeit als Fotoassistent kenne, ist dran: „Hast du nächste Woche schon was vor?", fragt er.

„Nicht wirklich, das heißt ..."

„Gut so! Dann hast du jetzt einen Job: ein Shooting mit Annie Leibovitz."

Ich sage erst mal gar nichts, merke nur, wie sich auf meinem Gesicht ein Grinsen breit macht. Als ich nach New York gezogen bin, war mein Traum, in der internationalen Fotografie Fuß zu fassen. Da hilft es natürlich enorm, wenn man bei einem der fünf großen New Yorker Modefotografen arbeiten kann. Annie Leibovitz ist eine dieser Big Five. Mit dem Anruf von

Benny geht ein Wunsch in Erfüllung: Ich bin zur richtigen Zeit am richtigen Ort, der Sprung über den Ozean hat sich gelohnt.

Ich kann mich gerade noch beherrschen, nicht vor lauter Übermut den Bordstein entlangzuhüpfen. Eine Frau auf der anderen Straßenseite sieht mich, sie strahlt mich an: „Hey! I love your look!“, ruft sie mir zu. Und ich? Ich liebe in diesem Moment die Stadt und mein Leben.

Das ist so typisch für New York: Wenn deine Ausstrahlung stimmt, strahlt die Stadt zurück. Wildfremde Leute spiegeln dir, wie du wirkst, machen Komplimente, sind offen. So etwas würde dir in Deutschland nie passieren.

Und nun also Annie Leibovitz – eine meiner großen Vorbilder. Was sie macht, ist Fotokunst. Wer sich für Porträtfotografie interessiert, kommt an ihr nicht vorbei. In diesen wenigen Sekunden schießt mir durch den Kopf, dass ich ihre Bilder so viel länger kenne als ihren Namen. Schon vor vielen Jahren, als ich noch zu Hause gelebt habe, habe ich in meinem Zimmer in Rüsselhausen ihre Porträtfotos an die Wände gepinnt – ohne zu wissen, wer sie gemacht hat, wer die Fotografin ist und wie berühmt sie ist.

Ich habe die Bilder aufgehängt, weil sie mir besonders gut gefallen haben. Damals war das reine Intuition – heute weiß ich, warum Annie Leibovitz eine meiner Heldinnen der Fotografie ist. Die Ausstrahlung ihrer Fotos hat wenig mit Effekten zu tun, dafür umso mehr mit Atmosphäre und Emotion. Für sie arbeiten zu dürfen, ist ein großer Schritt Richtung Erfolg. Wer das schafft, der klettert auf der Karriereleiter schnell weiter nach oben. Dann warten die nächsten Anfragen und Aufträge. Jetzt stehen mir die Türen offen.

„Gerd? Bist du noch dran?“

„Ich ... Ja! Klar! Warte mal ... Bist du dir sicher? Wenn das stimmt, dann ...“, stottere ich.

Benny lacht: „Ja, absolut! Aber freu dich nicht zu früh, du bist als fünfter Assistent eingeteilt.“

Fünfter Assistent – das ist der, der das Equipment ins Auto lädt und herumfährt, der die Technik fürs Shooting aufbaut.

Ich bin der, dessen Namen Annie Leibovitz nicht kennt und dessen Gesicht sie wahrscheinlich ziemlich schnell wieder vergessen haben wird. Doch das ist mir egal. Hauptsache: Ich bin dabei.

Dabei sein ist alles

Ein paar Tage später, im Herbst 2010, fahren wir nach Bedford im Bundesstaat New York. Unser Auftrag: den Designer Ralph Lauren mit seiner Frau und den Kindern auf ihrem Anwesen zu fotografieren. Das Haus liegt im Grünen, der Garten ist wunderschön angelegt, die Hecken sind akkurat gestutzt, die Wege geharkt, französisches Flair, ein bisschen wie in der Normandie oder in der Bretagne – hier blüht Europa! Der Garten: französisch, das Haus wie ein englisches Cottage, Efeu klettert die Mauern hoch. Drinnen ist ein Büfett aufgebaut, die Kinder daddeln auf ihren Handys, sie sind freundlich, interessieren sich aber nicht sonderlich für uns. Kein Wunder: Für sie ist das Routine – für mich nicht.

Die Stylisten wuseln rum, die Hair- und Make-up-Leute, die, die fürs Catering zuständig sind und die gesamte Fotocrew, es ist ein wildes Durcheinander, aber jeder weiß genau, was er oder sie zu tun hat. Einer davon bin ich. Der erste Assistent macht Ansagen. Wir versammeln uns um ihn, bekommen eine genaue Einweisung, wer wofür zuständig ist. Ich fahre den Bus, muss als Erstes umparken und bin so aufgeregt, dass ich vergesse, den Laptop zuzuklappen und vom Sitz zu räumen. Prompt fliegt er in der Kurve runter. Benny rollt mit den Augen. Als Neuer am Set sollte ich mir solche Pannen nicht erlauben, schließlich fällt das auch auf Benny zurück. Zum Glück ist der Laptop heil geblieben – den ersten Patzer habe ich überstanden.

„Jungs, eins müsst ihr wissen", fährt der erste Assistent ein paar Minuten später fort, „heute geht es nicht um Kunst, sondern um ein Familienporträt."

„Wahnsinn", denke ich. „Sie buchen Annie für ein privates Foto."

Aber was ist schon privat, wenn man ein erfolgreiches Modelabel führt und mit seinem Namen und Style dafür steht.

Wahrscheinlich geht das Bild später in alle Presse-Aussendungen, trotzdem – würde es sich um eine offizielle Kampagne handeln, würde ein solches Shooting um die 100.000 Euro kosten.

Heute sind wir eine Gruppe von 15 Leuten, das sind nicht besonders viele. Es wird eine einzige Einstellung geben, das bedeutet: nur ein Outfit, nur eine Location. Alles wird auf diese eine Aufnahme eingestellt. Einer kümmert sich um die Kamera, einer ums Licht, das Ganze ist überschaubar, unkomplizierter als sonst, aber die Spielregeln sind die gleichen wie bei großen Shootings. Auch Benny schärft mir noch mal ein: „Was auch immer passiert – du darfst Annie auf gar keinen Fall direkt ansprechen. Wenn du eine Frage hast, wendest du dich an mich, niemals an sie!"

Ich soll also immer verfügbar sein, aber bitte unsichtbar. Die Assistenten verständigen sich untereinander über Blickkontakt. Wenn Annie Leibovitz etwas braucht, spricht sie mit dem ersten Assistenten, der wendet sich an den zweiten, der gibt es weiter an den dritten – und immer so weiter. Dann kommt das Gewünschte über den umgekehrten Weg zu Annie Leibovitz zurück. In dem Fall ergibt es Sinn: Bei Porträts will man ein intimes Setting, da soll nicht viel und vor allem nicht laut geredet oder gar rumgebrüllt werden und es sollen auch nicht so viele Leute rumstehen. Es wäre schließlich auch für das Model blöd, wenn bei der Aufnahme dreißig Augenpaare zuschauen. Darum also: stille Post für entspannte Stimmung!

Entsprechend bekomme ich nicht allzu viel mit, mein Platz ist hinter einem Aufheller, der zur Reflektion des Lichts aufgestellt worden ist. Ralph Lauren und seine Frau Ricky sind viel unkomplizierter, als ich mir das vorgestellt habe. Sie sind auf angenehme Art normal, ihre Klamotten ebenfalls.

Annie Leibowitz steht hinter der Kamera. Sie positioniert die Familie. Auch das ist eher unspektakulär. Sie fotografiert draußen im Garten, mit Blick ins Tal, sie lässt die Szene nicht großartig ausleuchten. Die richtige Belichtung wird im Anschluss, bei der Postproduktion, erledigt.

Während sie die Aufnahmen macht, wartet die Crew im Garten.

Im Park, am Hang, ist auf der linken Seite aus Natursteinen eine halbrunde Terrasse gemauert. Sehr schön ist das. Während einer Pause setze ich mich auf die Mauer und gucke in die Landschaft. Plötzlich kommt Annie Leibowitz dazu. Wir sind nur zu zweit, sitzen einander gegenüber, ihre Kamera liegt auf ihrem Schoß, ich sehe, dass sie abdrückt. Hat sie gerade einen Schnappschuss aus der Hüfte geschossen? Das Natürlichste der Welt wäre jetzt, darüber ins Gespräch zu kommen. Sowieso möchte ich sie so gern so viel fragen – zum Beispiel, ob sie zu Beginn ihrer Karriere gedacht hätte, einmal hier zu landen? Schließlich ist sie Künstlerin. Gerade aber fotografiert sie ein Familienporträt. Weil Kunst und Kommerz eben auch hier nah beieinanderliegen? Hat sie sich das so vorgestellt?

Aber ich soll ja meinen Mund halten. Also schweige ich, werfe nur mal einen kurzen, heimlichen Blick.

Es ist ein seltener Moment der Stille in dem ganzen Getriebe. Annie Leibovitz sieht müde aus. Sie sagt: „Schöner Ausblick." Stimmt.

Und jetzt? Soll ich darauf antworten? Ich höre mich einfach nur „Ja" sagen und denke: Wie schade, dass ich mir gerade selbst so im Wege stehe. Ich traue mich nicht, mehr zu sagen oder ihr eine andere Frage zu stellen – also das zu tun, was man landläufig Unterhaltung nennt. Wahrscheinlich komme ich ziemlich unhöflich rüber, dabei bin ich nur verunsichert.

Was für eine aufgebauschte Situation. Natürlich hat diese Frau unfassbar viel geleistet, natürlich lastet auf ihr ein enormer Druck, natürlich muss man sie abschirmen gegen das ganze Gequatsche der Kunden – aber dieses Getue? Auch Annie Leibovitz ist schließlich nur ein Mensch. Nicht weniger, aber auch nicht mehr. Und trotzdem ändert es nichts an meiner Euphorie in diesem Augenblick.

Auf der Rückfahrt macht sich erst recht Erleichterung breit: Alles ist gut gegangen. Ich habe meinen ersten Job bei Annie Leibovitz gemeistert und habe sogar ein Wort mit ihr gewechselt. Eins, immerhin! Ich sitze hinterm Steuer und merke, wie wieder ein Grinsen über mein Gesicht zieht.

Sommerseite und Winterseite

Zehn Jahre später: Das kleine Eisentor quietscht, als ich es aufdrücke – dann stehe ich auf dem Friedhof von Rüsselhausen. Er liegt am Hang, auf der Sommerseite. Friedlich ist es an diesem Ort. Im Frühjahr zwitschern die Vögel, ansonsten ist es ganz still. Es scheint, als sei die Zeit stehen geblieben.

Über den Aschbach hinweg, der sich malerisch durchs Tal schlängelt, schaue ich auf unseren Bauernhof, den Martinshof. Früher bauten die Leute ihre Höfe auf die schattigere Seite, eine Handvoll Häuser waren das damals. Groß ist Rüsselhausen an der Grenze zwischen Baden-Württemberg und Bayern auch heute nicht. Um die 130 Leute leben hier.

Die wunderschöne, alte kleine Dorfkirche erzählt von vergangenen Zeiten. Die Windräder, die in Zweier- und Dreiergruppen den Horizont säumen, erzählen von heute. Auch die Biogas-Anlage mit ihrem ununterbrochen dröhnenden Motor ist Zeugin unserer Zeit. Und natürlich das Neubaugebiet, das inzwischen die Sommerseite hochwächst.

Als alle Bewohner des Dorfes Bauern waren – bis auf den Dorflehrer – wäre niemand auf die Idee gekommen, das sonnenbeschienene Land zu bebauen. Das sollte Nutzfläche sein. Nicht dafür da, dass die Menschen dort wohnen, sondern dafür da, die Menschen zu ernähren. Bis vor hundert Jahren wuchs hier noch Wein. Deshalb liegt der alte Dorfkern im Tal und auf der Winterseite, gegenüber vom Friedhof.

Hier sind meine Großeltern begraben. Auf das Grab habe ich Blumen gepflanzt, die bei uns auf dem Hof wachsen: Tulpen, Primeln, ein Fingerhut, Akelei, eine Rose, eine Fetthenne, Lungenkraut, das als einer der ersten Boten des Frühling besonders hübsch ist. Alles, was meine Oma daheim jeden Tag vor Augen hatte und was sie so liebte, soll sie nun auf dem Friedhof umgeben. Was sie wohl gefühlt haben mag, wenn es nach den langen, dunklen Wintern endlich wieder Frühling wurde und sich vor unserem Haus diese Pflanzen durch die noch kalte Erde an die Oberfläche kämpften?

Manchmal sprechen mich nun die Älteren aus dem Dorf auf das Grab an: „Da gehört mal wieder Unkraut gejätet. Ich würde es ja für dich machen, aber ich weiß nie, was bei dir Unkraut ist und was nicht."

Oder sie sagen: „Das ist inzwischen alles viel zu hochgewachsen! Man kann ja die Namen auf dem Stein gar nicht mehr lesen."

„Na ja", denke ich dann, „du weißt doch, wer da liegt." Aber ich sage nichts. Denn so ist das auf dem Land: Jeder kennt jeden, alles wird kommentiert, andererseits wird auch an allem Anteil genommen und, wenn man Glück hat, mit angepackt.

Und dann ist da die Sache mit der Friedhofsmauer – die ist wie ein Sinnbild: Die alte Mauer, die vor Generationen aufgeschichtet wurde – das war eine Wahnsinnsmühe, die ganzen Steine ranzuschaffen – ist heute ziemlich verfallen, von Efeu überwuchert. Irgendwann hieß es: Da muss eine neue Mauer her. Also wurde eine gebaut, aus Natursteinen, gar nicht übel, aber ich hätte es besser gefunden, die alte Mauer freizulegen und wiederaufzubauen. Das ist meine Vorstellung von Wertschätzung und Nachhaltigkeit: das Alte, sooft es geht, zu bewahren und weiterzuverwenden. Darin liegt eine große Kreativität.

Zurück zu den Wurzeln

Wenn ich den Friedhof verlasse, mich rechts halte und den Weg durch die Wiesen einschlage, die früher alle von alten Steinriegeln eingefasst waren, denke ich wieder voller Respekt an die Menschen vor uns. Was die geknechtet haben, damit es so aussieht, wie es jetzt aussieht.

Es war die Landwirtschaft, die die ganze Artenvielfalt, die hier entstand, überhaupt erst ermöglichte. Heute müssen wir uns das mühsam zurückerobern. Wir haben uns viel zu weit von sinnvollen Kreisläufen entfernt.

Nehmen wir zum Beispiel die Hecken, die früher die Felder und Wiesen säumten. Sie waren Brutstätten für Vögel, Lebensraum für Igel und andere kleine Tiere, für Schlangen, für Reptilien. Die Hecken wurden nach und nach vielfach entfernt – warum? Damit man mit dem Traktor besser auf die Felder und beim Arbeiten schneller vorankommt, denn auch in der Landwirtschaft ist Zeit immer teurer.

Da müssen wir hinschauen und umdenken. Aspekte der Renaturierung und Artenvielfalt bestimmen heute meine Arbeit als Biobauer. Bei uns, im Hohenlohischen, ist die Welt bis auf kleinere Ausnahmen noch in Ordnung. Umso wichtiger ist es mir, diesen Zustand zu erhalten, damit es uns eben eines Tages nicht so geht wie Landstrichen in Brandenburg, wo durch die großen Flächen der Monokulturen jegliche Artenvielfalt verloren geht.

Ein möglicher Schritt wird sein, die Lebensräume, wie sie sich an den Hängen und im Tal wie von selbst ergeben, weil wir da nicht mit großen Maschinen arbeiten, auch auf den Feldern auf der Höhe zu etablieren. In den letzten Jahrzehnten wurden die Parzellen immer größer. Für meinen Geschmack fehlt es dort an Landschaftselementen. Wenn ein alter Baum es geschafft hat, sich auf einem Feld zu halten und nicht abgeholzt wurde, ist das schon bemerkenswert. An den Längsseiten der Äcker und Felder wäre Platz für Hecken und Wiesenstreifen. Für den Traktor lässt man einfach ein Stückchen zum Wenden frei. Dann bleiben auch die Bienen.

Wie schon gesagt, ist unsere Region noch nicht so betroffen und so ausgestorben wie etwa Brandenburg, aber auch wir müssen unbedingt die Notbremse ziehen. Hecken müssen nicht mannshoch wachsen, aber wir brauchen sie. Und sie machen die Landschaft schöner.

Ich liebe diesen Flecken Erde! Wir sind hier mitten im Hohenlohischen. Ganz in der Nähe liegt Rothenburg ob der Tauber, ein mittelalterliches Städtchen, das Tausende von Touristen anlockt. Es ist umgeben von einer der wenigen komplett intakten Stadtmauern, auf der man um die ganze Altstadt herum spazieren kann. Der alte Marktplatz: eine Fachwerkidylle. Die Stadtkirche ist frisch abgestrahlt, der helle Sandstein erscheint in neuem Glanz. Jedes Mal beeindruckt mich auch hier das Können der alten Handwerker, das dort überall zu sehen ist. Allein die Fensterrahmen, die Türen und Türstöcke! Oder die metallenen Schilder und schmiedeeisernen Zäune und Tore – daran kann ich mich nicht sattsehen. Das heißt jetzt aber nicht, dass ich nur altes Zeug gut finde. Es ist eher so, dass ich gutes Handwerk und gutes modernes Design besonders schätze.

Ich möchte nicht in einem Museum leben. Ich mag es aber nicht, wenn Altes, Erhaltenswertes abgerissen wird, um an der Stelle irgendeinen 08/15-Neubau hochzuziehen. Meistens trifft es die kleinen Bauernhäuser, die unscheinbar in den Dörfern stehen. Sie sind oft zu klein für den heutigen Anspruch einer Familie. Aber gerade sie sollten erhalten bleiben. Nicht nur Rathäuser, Kirchen und Schlösser. Die kleinen Bauern der Region haben schließlich hart dafür gearbeitet, sie bauen zu können.

Genauso sehe ich es mit Möbeln. Billigkram aus dem Discounter, von dem man weiß, dass er nach kurzer Lebensdauer auf dem Sperrmüll landet, hat einfach keinen Sinn.

Es war zwar eher selten, aber ab und an kam es doch vor, dass wir mit der Familie nach Rothenburg fuhren. Dann gab es Eis für uns Kinder und Kaffee und Kuchen für die Großen. Eingenebelt vom Zigarettenqualm meines Vaters war die Fahrt vom Hof in die Stadt in meiner Erinnerung eine halbe Weltreise.

Dass ich eines Tages wirklich in die weite Welt reisen würde, ahnte ich nicht und zu der Zeit träumte ich auch nicht davon. Ich hatte ja alles, was man braucht, um als Kind glücklich zu sein.

Eine Kindheit wie in Bullerbü

Es ist Spätsommer. Ich bin sieben, acht Jahre alt. Mein älterer Bruder Martin, meine jüngere Schwester Carmen und ich spielen Fangen auf dem Hof. Unser Hof liegt am Ortsrand des Dorfes, vorne das Haus, direkt daran gebaut die Scheune. Durch verwinkelte, alte Ställe kommt man in den Kuhstall mit Melkstand und Melkmaschinen. Seit unser Hof im Jahre 1886 erbaut wurde, hat jede Generation erweitert und renoviert.

Vom Stall geht es auf die Weiden, den Hang hoch ziehen sich die Obstbaumwiesen.

Unsere Mutter Ilse drückt mir einen Korb in die Hand: „Gerd! Komm! Ihr müsst noch Äpfel auflesen! Eine Stunde, dann kannst du auch wieder spielen." Ich hab keine Lust und quengele rum: „Warum immer ich?!"

„Jammer nicht so viel", sagt meine Mutter. „Martin und Carmen machen ja auch mit."

Bestimmt kommt gleich wieder ihr Lieblingssatz: „Viele Hände, schnelles Ende." Wetten? Na bitte, da ist er schon.

Also nehme ich meinen Korb und stapfe die Wiese hinterm Kuhstall hoch. Dort wartet schon unser Knecht Siegfried mit Körben und Säcken auf uns. Vor ihm hab ich verdammt viel Respekt. Er hat Hände wie Baggerschaufeln, von ihm fängt man sich lieber keine ein. Die anderen Kinder haben manchmal sogar Schiss vor ihm. Dabei ist er ein harmloser Typ, ein netter Kerl, und für jeden Spaß zu haben. Wir schütten die Äpfel in die Körbe und er schleppt sie den steilen Hang hinunter zum Traktor, denn das kann nur er, mit seinen Bärenkräften.

Nach einer Stunde tut mir der Rücken weh, ich bin froh, dass mich von den rumsurrenden Wespen keine gestochen hat.

Carmen hat in der gleichen Zeit doppelt so viele Körbe gefüllt. Für jeden Korb bekommen wir zehn Pfennig, das motiviert uns natürlich. Trotzdem bin ich wie immer der Langsamste.

„Ich war viel schneller als der Gerd", sagt Carmen prompt. „Kriegst zehn Pfennig extra", verspricht ihr unsere Mutter.

Und Martin feixt, weil ich mal wieder verloren habe.

„Darf ich jetzt endlich zu meinen Freunden?" Ich trete von einem Bein auf das andere.

„Na gut, geh schon." Meine Mutter lächelt. „Aber denk dran: Zum Abendessen musst du zurück sein."

Also flitze ich los, ehe sie es sich anders überlegt und ihr womöglich noch etwas einfällt, das ich gerade jetzt dringend erledigen sollte.

Draußen warten die anderen, zehn bis 15 Kinder sind wir meistens. Wir müssen nur zum Hof raus, die Straße hoch, schon sind wir im Wald. Mal bauen wir uns Höhlen und Lager, mal spielen wir Räuber und Gendarm oder Cowboy und Indianer. Am liebsten spiele ich in der Dämmerung Verstecken, wenn die letzte Hitze des Spätsommertags noch von den Mauern und der Straße strahlt, es im Wald deutlich kühler ist und die Schatten schon länger werden, bis sie das letzte Licht zwischen den Baumstämmen vertreiben. Schummrig und schön unheimlich!

Das Jahr gibt nicht nur der Natur den Rhythmus vor, sondern auch uns Kindern die Spiele. Im Sommer: Baden im Bach, im Herbst, wenn es früher dunkel wird: Verstecken, und im Winter Schlitten fahren. So einfach ist das.

Jetzt ist Sommer und wir spielen Räuber und Gendarm. Natürlich sind die Älteren immer die Räuber, aber in ein paar Jahren kann ich mich dann auch heimlich anschleichen. Später zeigen die Großen uns, wie man dünne Stämme so in den Boden rammt, dass sie ein Blätterdach tragen können. Wir schaffen Zweige ran und stopfen damit die Zwischenräume aus.

Paul, einer von den Großen, Coolen, sagt: „Gib mir mal die Streichhölzer!“

Dann wird es aufregend, denn was wir jetzt tun, darf keiner der Erwachsenen je erfahren: Wir zünden mitten im Wald ein kleines Feuerchen an.

Natürlich dauert es auch nicht lange, bis sich der Erste ein Stück Lehnenschnur, wie wir die gemeine Waldrebe nennen, abbricht, anzündet und daran zieht wie an einer Zigarette. Die Kletterpflanze ist im Inneren hohl, wenn man an einem brennenden Stück zieht, glüht es vorne und man inhaliert den Rauch.

Wir stromern zurück Richtung Dorf. Inzwischen liegt das Tal still und friedlich in der Dämmerung, unten plätschert der Bach. An der alten Steinbrücke bleibe ich stehen und lasse ein Stöckchen zu Wasser. Zuerst verfängt es sich in angeschwemmten Ästen, dann entdecke ich es wieder und renne am Ufer entlang, bis das Wasser es verschluckt hat.

Wir haben mal wieder die Zeit vergessen. Martin wird ganz hektisch: Wenn er zu spät zurückkommt, gibt's Ärger. Ich schlendere betont langsam und schön demonstrativ ein Stück im noch spätsommerwarmen Gras am Ufer entlang, während die anderen losstieben. Ha! Wenigstens kann ich mich noch mal verdünnisieren.

Als schließlich auch ich den Heimweg antrete, kommt mir Siegfried entgegen. Seit ich denken kann, arbeitet er bei uns und sitzt mit am Tisch. Jetzt hat er die Schubkarre vollgeladen und bringt die ganze Kuhscheiße zum Misthaufen.

Siegfried ist geistig zurückgeblieben. Warum, weiß niemand so genau. Er kam als Kind in ein Heim, hat sich dann mit 14 Jahren bei einem Bauern als Knecht verdingt und landete schließlich bei uns.

Wenn er nach einem der Dorffeste mal wieder sturzbesoffen vor der Tür liegt, ist klar, dass meine Eltern sich um ihn kümmern und ihn zum Arzt bringen. Einmal sagte der: „Siegfried, wenn du jetzt nicht aufhörst zu saufen, bist du morgen tot."

Das nahm Siegfried wörtlich. Von einem Tag auf den anderen trank er keinen Tropfen Alkohol mehr.

Bis heute hat Siegfried sein Zimmer bei uns auf dem Hof. Er ist jetzt Mitte achtzig. Er gehört zur Familie. Denn so ist das auf dem Land: Jeder hat seinen Platz.

Martin wird der Bauer

Das gilt auch für die Zukunft des Martinshofes. Von Anfang an stand fest: Der erstgeborene Sohn erbt den Hof. Das wusste Martin, für meine Familie war es in Stein gemeißelt. Damit waren die Rollen klar verteilt, wobei ich nicht weiß, ob Martin sich von Anfang an mehr für die Landwirtschaft interessierte oder ob man ihn einfach mehr integrierte. Jedenfalls nahm mein Opa ihn immer im Traktor mit aufs Feld, als Martin noch ein Zwerg war.

Schon als kleiner Junge ging er an der Hand meines Großvaters auf die Wiesen raus und mit in den Stall. Ich stelle mir vor, dass unser Großvater ihm alles erzählte und erklärte, was er später als Bauer mal wissen muss: Wie sind bei uns die Böden beschaffen? Wann muss der Acker gepflügt werden, wann wird gesät, wann geerntet? Wann klaubt man die Steine vom Feld, damit die Maschinen nicht kaputt gehen, wenn sie über die Äcker rumpeln? Was sind gute, was sind schlechte Kräuter, also Unkraut? Wie bekomme ich einen guten Boden? Woran erkennt man, ob eine Kuh gesund ist? Ob sie trächtig ist?

Dieses Wissen wird von Generation zu Generation weitergegeben. Ich hätte es wahrscheinlich genauso mitbekommen können, aber ich ging viel lieber raus zum Spielen. Außerdem drückte ich mich vor der Arbeit, wo es nur ging. Übrigens: ohne jede Konsequenz. Ausgeschimpft wurde ich nicht. So war ich eben!

Bis heute fällt es mir dafür schwer, die Getreidearten zu bestimmen. Da muss ich im Gegensatz zu Martin genau hinschauen. Der war auch schon immer der Schrauber in der Familie, frisierte Mofas und reparierte die Maschinen. Dass er später Schlachter lernte, passt genauso ins Bild des Zupackers. Mein Bruder war eben der Bauer und sollte den Martinshof übernehmen. Für mich hingegen galt: Bauer würde ich nie werden! Und das wollte ich auch nicht.

Damals konnte ja kein Mensch ahnen, dass alles einmal ganz anders kommen würde, dass ich für mich und wir als Familie gezwungen wären, alle Zukunftsplanungen über den Haufen zu werfen, die Karten neu zu mischen, die Rollen anders zu verteilen.

Ich kann gut mit Tieren

Immer schon habe ich es geliebt, im Stall zu spielen und die Kälber zu versorgen. „Der Gerd hat ein Händchen für die Tiere“, bestätigte sogar mein Großvater, der sonst eher geizig mit Lob war.

Natürlich mussten wir auf dem Hof mit anpacken. Es war aber nicht so, dass wir ständig eingespannt wurden – nur bei den Arbeiten, bei denen jede Mithilfe notwendig war. Der Klassiker des Landwirt-Kindes: Die anderen Kinder gehen im Sommer an den See, während wir bei der Heuernte helfen. Und im März ging es nach den ersten langen, warmen Tagen raus aufs Feld. Da wurde einfach jede Hand gebraucht! Auch beim Steinesammeln, eine der blödesten und langweiligsten Arbeiten, die anfiel, nachdem der Boden bearbeitet und ausgesät worden war. Die Steine, die dabei nach oben befördert wurden, mussten vom Feld gesammelt werden, um die Erntemaschinen zu schonen. „Wir sind eben steinreich“, witzelten meine Eltern, was die Arbeit nicht leichter machte. Manchmal hatte ich Glück und ein paar Freunde halfen mit. Dass die das freiwillig machten! Aber so konnten wir hinterher noch eine Runde kicken.

Trotzdem. Ich hasste das Steinesammeln. Einmal warf ich vor lauter Wut die Steine mit solcher Wucht auf den Anhänger, dass einer drüberflog – und meine Mutter am Kopf traf. Zum Glück passierte nichts, aber es tat mir natürlich sehr leid.

Und doch war der Frühsommer meine Lieblingsjahreszeit. Er ist es bis heute geblieben. Mitte Mai ist es am schönsten, alles ist grün. Wir Kinder waren Kinder und durften das auch sein. Wir schipperten durch den Bach, bauten Staudämme und fingen Forellen mit bloßen Händen. Ein paar von uns spürten die auf, die sich am Ufer versteckten, die anderen pirschten sich vorsichtig an, strichen mit den Händen ganz langsam von vorne und von hinten die Forellenbäuche entlang und dann – zack – hoben wir sie aus dem Wasser. Gefangen!

Manchmal bauten wir aus Steinen Becken und hielten die Fische darin einen Tag lang fest, um sie zu beobachten. Aber abmurksen wollte sie keiner von uns. Am Abend wurden alle wieder freigelassen.

Wir verbrachten viel Zeit miteinander, auch in der Familie. Bei vielen Arbeiten, die so nebenherliefen – Obst entkernen, Nüsse knacken – saßen wir zusammen. Irgendwer erzählte immer eine Geschichte. Am liebsten hörte ich den Frauen zu, meiner Oma, meiner Mutter, meiner Tante, wenn sie von früher erzählten: von meinem Opa, der noch mit dem Pferdefuhrwerk den Acker bestellte und für den es eine kleine Weltreise war, über die Hügel zum Hof der Schwiegereltern zu wandern. Da wurde am Sonntag ein Vesper gepackt, nach der Stallarbeit ging's los. Und wehe, der Schwiegervater war ausgeflogen. Dann hieß es, den weiten Weg ohne Kaffee und Kuchen zurückwandern.

Mein anderer Opa, der Vater meines Vaters, war jahrelang Bürgermeister von Rüsselhausen: In der Funktion traute er Paare standesamtlich und begleitete aufgeregte Bräute zur Kirche. Und weil unsere Familie die erste im Dorf war, die ein Auto hatte, raste er mit den Schwangeren immer wieder in die nächstgelegene Klinik: „Hoffentlich schaffen wir das noch! Nicht dass ich Geburtshilfe leisten muss", soll er oft gesagt haben. Als Bauer hätte er zumindest gewusst, wie es geht.

Als meine Mutter ein Kind war, war es wiederum das Sonntagsritual ihrer Familie, nach dem wöchentlichen Schuheputzen zum Apfelhof zu spazieren. Dort stand das Jungvieh auf der Weide, die Kinder wollten sehen, wie es den Tieren geht. Die Erwachsenen kehrten in der Zeit in der Gaststube ein. „Früher haben wir immer zusammen gesungen“, erzählte uns meine Großmutter Jahrzehnte später. „Merkwürdig, dass ihr das heute gar nicht mehr macht.“

Sie und meine Mutter kriegten noch in der Erinnerung vor Begeisterung rote Wangen.

An einem Nachmittag vor vielen Jahren saßen wir auf der Bank vor dem Haus, die Kühe konnten warten.

„Mehr!“, sagte ich und endlich rückte meine Mutter mit einer meiner Lieblingsgeschichten raus. Natürlich handelte sie von mir. Schon als kleiner Dreikäsehoch sei ich besonders gerne rausspaziert. Dann hätte ich mir meinen Strohhut aufgesetzt und sei losmarschiert. Unten, an der Linde, keine 100 Meter von unserem Hof entfernt, hätte ich Rast gemacht. Die Frauen lachten: „Du bist in der Sonne eingeschlafen, hast den Kopf auf den Bürgersteig gebettet, der Strohhut lag neben dir im Gras.“

Die Straße: mein Sofa. Das ging. Denn Kindsein im Dorf hieß frei sein.

Schatzsuche und Hüttenbauen

„Kannst du das Ufer schon sehen?“, fragt mein Kumpel Christian. „Kommen wir um die Felsen rum? Sind Schwertfische im Mississippi?“

Wir sind zehn Jahre alt und spielen mal wieder Piraten. Gefährlich ist es: Haie im Wasser! Luchse im Wald! Irgendwer jagt immer irgendwen. Ich habe aus der Werkstatt den Schlauch eines alten Reifens geklaut, Christian hat das Oberteil einer ausrangierten Schubkarre aufgetrieben, das haben wir mit Schnüren zusammengebunden – los geht's mit unserem Superboot. Wir schippern den Aschbach runter, werden immer schneller, ich stelle mir vor, wie die Wellen rauschen, wie eine mannshohe Woge über unseren Köpfen zusammenbricht. „Ahhhhhhh!"

Ehe ich vollends seekrank werde, dringt eine Stimme zu mir durch.

„Hey! Wartet auf mich!"

Carmen rennt die Dorfstraße entlang, Christian versucht bei den Bäumen anzulanden. Klappt aber nicht, unser Boot kippt. Ich paddle durchs Wasser, Christian zieht unser Schubkarrenboot hinter sich her. Lagerfeuer wäre jetzt schön! Stattdessen zerren wir den gekenterten Kahn die Böschung hoch ins Gebüsch und decken ihn mit Zweigen zu. Wie viel er abbekommen hat und ob er noch zu retten ist, werden wir später klären. Erst mal schleichen wir, klatschnass wie wir sind, bei Christian ins Haus und leihen uns ein paar Klamotten.

Bestimmt hat Carmen unser heldenhaftes Landemanöver mit anschließendem Bad gesehen. Erstaunlicherweise verkneift sie sich jeden Kommentar. Viel besser: Sie bringt Kuchen mit. Und unterm Arm klemmt ein Schuhkarton.

„Der ist für unseren Schatz", sagt sie.

Wir legen all die schönen Dinge rein, die wir draußen gefunden haben: einen Stein, ein Schneckenhaus, Rinde, Moos. Und natürlich schreiben wir eine Nachricht dazu. An unsere Feinde, die andere Clique aus dem Dorf. Wahrscheinlich so etwas wie: „Rache den Verrätern!" oder „Finger weg von unsrem Schatz!" Schließlich sind wir zwei verfeindete Lager und bekämpfen uns.

Da müssen Hütte und Schatz natürlich verteidigt werden. Zumal sie uns das letzte Mal die Hütte zerstört haben. Jetzt sind wir am Zug und dieses Mal lassen wir uns nicht austricksen!

Carmen ist noch nicht ganz zufrieden.

„Da fehlt noch mehr Schatz“, findet sie. „Noch was Richtiges!“

Wo sollen wir das jetzt herkriegen? Ich denke an die Brosche meiner Großmutter in der Nachttischschublade hinten links, die ich so gern anschaue. Viel zu riskant!

Dafür bekommt Christian einen verklärten Blick und rennt aus dem Zimmer. Als er zurückkommt, versteckt er etwas hinter seinem Rücken. „Täräää!“ Er zieht etwas Längliches hervor und schwenkt damit wie mit einem Zauberstab triumphierend durch die Luft.

„Hä??!“, macht Carmen. „Das ist ja nur der Fernsehturm.“

„Ja, aber der Fernsehturm von Stuttgart!“

Christian zieht einen Flunsch.

„Ist doch cool! Hauptsache, wir haben was zu verstecken.

Christian und ich schnappen uns eine Schaufel, Carmen trägt die Schatzkiste, ich schaue, ob die Luft rein ist. Hinter unserer Höhle hinter dem Stall fangen wir an zu graben. Wir halten den Atem an: Ist uns etwa jemand gefolgt? Nein, keiner da. Ich lege die Schuhschachtel, nein, die Schatzkiste ins Loch, Erde drüber, Stein drauf. Fertig!

Drei Tage später ist die Enttäuschung groß: Carmen und ich schleichen uns noch mal an, graben, suchen und müssen feststellen – die Schachtel ist leer! Wie kann das sein? Haben die anderen etwa schon wieder die Schlacht gewonnen?

Viele Jahre später war ich bei der Haushaltsauflösung von Christians Großmutter dabei. Zwischen verstaubten Vasen,

Geschirr, Bettwäsche, stand er: der Stuttgarter Fernsehturm. Aha! Christian hatte unseren Schatz also zügig zurückgeklaut. Wahrscheinlich hatte er von seinem Vater mächtig eins aufs Dach bekommen.

Die Menschen vom Dorf

Kann sein, dass ich meine Kindheit im Rückblick verkläre, ein bisschen Nostalgie schadet schließlich nicht. Alles, was ich damals aufschnappte, konnte ich jedenfalls später anwenden, nicht zuletzt beim Fotografieren: Wenn man mal schnell etwas bauen musste fürs Set, konnte ich gut improvisieren. Aus dem, was da ist, etwas zu machen – das war meins. Und das ist es bis heute geblieben.

Meine Freunde, meine Geschwister und ich sagen immer: Wir hatten eine Bullerbü-Kindheit. Ob im Sommer oder im Winter, wir waren immer draußen. Und wir waren unbeaufsichtigt. Keiner der Erwachsenen machte sich Sorgen um uns, das war einfach nicht nötig, und es mischte sich auch niemand groß ein.

Wenn es ihre Zeit erlaubte, spielte oder bastelte meine Mutter mit uns, und jeden Abend sprach sie an unserem Bett das Abendgebet. Allein, so wie es heute für viele Kinder oft normal ist, waren wir nie. Die Eltern, Großeltern, Tanten und Onkel, Cousins und Cousinen, die Nachbarn, die Kumpels: Irgendwer war immer da. Und wenn wir im Winter durchgefroren vom Schlittenfahren mit durchweichten Stiefeln und nassen Schneeanzügen heimkamen, kochte meine Oma heißen Kakao für uns und meine Mutter schmierte Brote.

Ich glaube, dass daher meine Grundsicherheit und Zuversicht rühren: Ich kann mich nicht erinnern, mich jemals verloren gefühlt zu haben. Oder verlassen. Ich wusste, egal, was passiert, ich bin nie allein.

Jahr für Jahr zieht vor meinem inneren Auge vorbei, Frühling, Sommer, Herbst, Winter, die Familienfeste, die Dorffeste, Geburtstage, Weihnachten, Kindergarten, erster Schultag – Konturen verwischen, es mischt sich alles zu einem bunten, lärmenden, meistens fröhlichen Zeitbrei mit Ereignissen darin wie die Rosinen im Kuchen.

Ich denke an große Runden voller Gelächter, irgendwas gab es immer zu feiern, ich denke an Kuchenschlachten, geschlachtete Schweine, Teller, vollgeladen mit Würsten.

Ich denke an Verwandte, die heiraten, an Kinder, die geboren werden, und an Dorfbewohner, die sterben. Bis heute ist es bei uns üblich, dass zumindest einer aus jeder Dorffamilie zu einer Beerdigung geht, selbst wenn man im Alltag gar nicht so viel mit dem Verstorbenen oder den Angehörigen zu tun hatte. Das gehört sich einfach.

Von allen Seiten nähern sich dann schwarz gekleidete Menschen. Erst viele Jahre später fiel mir auf, dass das anderswo auf der Welt ganz anders ist: Ich machte Fotos auf einem riesigen Friedhof in Rio, der an einem Hang lag. Von einer Anhöhe aus sah ich, wie sich ein bunter und farbenfroher Trauerzug durch die kleinen Wege auf dem Friedhof schlängelte. Ganz anders als bei uns. Wir haben Gräber mit bunten Blumen und schwarz gekleidete Trauergäste. In Brasilien sind die Friedhöfe meistens grau wegen der Steinplatten auf den Gräbern. Für Blumen ist es dort viel zu heiß. Dafür ist der Trauerzug bunt.

In Rüsselhausen schreiben die Familien sich übrigens auf, wer bei einer Beerdigung war, wer eine Karte geschrieben, wer wie viel Geld in den Umschlag gesteckt hat, und wer nicht. Damit man Gleiches mit Gleichem nicht gerade vergelten, aber eben doch ausgleichen kann.

Früher konnten sich viele eine Bestattung nicht leisten, weshalb diese Gaben wichtig waren. Man kann es wie eine Art Kredit sehen: Man zahlt über einen längeren Zeitraum kleinere Beträge und in dem Moment, in dem man selbst für eine Bestattung Geld braucht, bekommt man es von der Gemeinschaft zurück.

Gelebte Gemeinschaft also. Oder ist es doch Gruppenzwang? Bis heute fällt es mir schwer, das neutral zu beurteilen. Aber dass die Menschen auf dem Land viel mehr voneinander wissen als die Menschen in der Stadt – das steht fest.

Nachbarn wissen, wer was macht, oder wann welcher Bauer den Mist auf den Feldern ausbringt. Wenn sie im Garten arbeiten, kann es sein, dass sie die Köpfe recken, um zu schauen, wer wo hinfährt.

Die Leute wissen auch, was hinter den Fassaden der Wohlanständigkeit los ist. Sie wissen, in welchem Haus Väter ihre Kinder vermöbeln oder die Frauen die Hosen anhaben oder wer gerne mal einen über den Durst trinkt.

Mein Vater sagt immer: „Die Kunst ist, im richtigen Moment den Schnabel zu halten!“ Das lernt man auf dem Dorf. „Das ist halt so“, „Das geht uns nichts an“ sind die Sätze, mit denen man alles schön zudeckt. Besonders die Katastrophen.

Das hindert aber niemanden daran, hinter vorgehaltener Hand darüber zu reden. Denn auch das lernt man: Es kann einen immer erwischen. Vielleicht fürchtete ich mich deswegen weniger davor, einmal aus der Reihe zu tanzen. Ich wusste, es kann immer etwas passieren. Ich wusste: Jeder von uns kann zum Gesprächsstoff des Dorfes werden. Aber ich wusste auch: Es geht vorüber. Wie heißt es so schön? „Dann wird die nächste Sau durchs Dorf gejagt." Diese Erfahrung hat mich für meinen späteren Beruf gewappnet: Wer auch immer, was auch immer sagt – bald gibt es wieder andere Themen. Und sie hat mich freier darin gemacht, meine eigenen Entscheidungen zu treffen.

Ich war ein Spätzünder

Es ist morgens um sechs, Winter, stockdunkel und saukalt, der Wecker klingelt. Ich ziehe die Decke über die Ohren, drehe mich um und versuche, die Morgengeräusche zu ignorieren: das Rauschen des Wasserhahns, das Gurgeln der Kaffeemaschine, meine Mutter, die uns von unten versucht aufzuwecken. Schnell noch einen Becher Milch gekippt, frische, von den eigenen Kühen versteht sich, schon schubst mich Martin aus der Tür.

„Mach schon!" Er drückt mir die Schultasche in die Hand, zusammen rennen wir zur Bushaltestelle. Der Weg in die Schule in Niederstetten dauert ewig. Von Station zu Station wird der Bus voller, bis er rappelvoll um die letzte Kurve biegt. Angekommen!

Ich schiebe mich aus der Sitzbank. Weil ich inzwischen zu den Älteren gehöre, ich bin 14 Jahre alt, sitze ich auf den begehrten Plätzen ziemlich weit hinten, bei den Coolen. Jeder versucht, noch ein bisschen Schlaf nachzuholen, wir dösen zwischen feuchten Schals und miefigen Mützen vor uns hin.

Die Schule mochte ich nicht. Ich erinnere mich mit Grauen an meine ersten beiden Schuljahre. Jeden Montag mussten wir uns im Stuhlkreis hinsetzen und von unserem Wochenende erzählen. Ich hasste es. Erstens war ich viel zu schüchtern, um vor der Klasse zu sprechen, und zweitens hatte ich nicht viel zu erzählen. Wir waren am Wochenende zu Hause und ich spielte draußen. Das war nicht schlecht, aber eben auch nicht so spannend wie die Geschichten der anderen Kinder. Früher beneidete ich sie wahrscheinlich darum. Bauern waren schon damals out. Ich fühlte mich schlecht, nur ein Bauerssohn zu sein. Wenn ich heute darüber nachdenke, dass die Eltern meiner Mitschüler teilweise acht Stunden am Fließband standen und immer die gleiche stupide Handbewegung ausführten, tagein, tagaus, tut es mir noch mehr leid, dass ich den Beruf meiner Eltern als Kind so wenig schätzte und meine Mitschüler es manchmal sogar schafften, dass ich mich dafür schämte.

Ich war gern mit meinen Klassenkameraden zusammen, aber ich lernte überhaupt nicht gern. Hinsetzen und pauken – dafür hatte ich kein Sitzfleisch. Lieber ging ich raus, baute was zusammen, probierte aus, besserte aus. Ich arbeitete lieber mit den Händen als mit dem Kopf. Trotzdem würde ich sagen: Ich war ein Träumer. Ein Spätzünder war ich ganz bestimmt.

Jeder hat doch so schreckliche Gruppenfotos, möglichst weit hinten im Schrank in einer Kiste versenkt. Bei mir sind darin Fotos vom Fußballverein, dem 1. SV Apfelbach, dann natürlich von der Konfirmation, ein Zwerg im Anzug – meine Güte! Tanzkurs nicht zu vergessen. Ganz schlimm! Ich schon wieder im Anzug.

Immer sind da so merkwürdige Ausreißer nach unten: alle Köpfe schön auf einer Linie, dann eine Lücke, aber da steht ja noch einer, der ist nur einen Kopf kleiner als alle anderen, darum sieht man den erst mal nicht. Das war ich.

Leben auf dem Bauernhof – nicht ganz aus Kindersicht

In diesen Jahren machten meine Eltern das, was sie heute noch tun: Sie arbeiteten. Richtiger ist wohl: Sie schufteten. Heute würde man sagen, unser Hof war ein Mehrgenerationenhaus.

Meine Großeltern, meine Eltern, wir drei Kinder, Siegfried – wir alle lebten unter einem Dach. Eine Zeit lang wohnte auch noch ein Onkel meiner Mutter bei uns, den meine Mutter pflegte.

Damit alle von der Landwirtschaft leben konnten, bauten meine Eltern in meiner Jugend zusätzlich zu den Kühen und der Milchwirtschaft eine Schweinemast auf. Damals gab es überhaupt viel mehr Tiere auf dem Hof. Da waren Hasen, Hühner, Enten, mehrere Muttersauen mit ihren Ferkeln, so um die 15 Tiere. Als wir klein waren, hatte Siegfried einen richtigen kleinen Streichelzoo für uns Kinder eingerichtet. Ich wünschte mir – leider immer vergeblich – ganz dringend ein Pferd, irgendwann dachte ich, na gut, dann will ich wenigstens Ziegen. Die bekam ich dann auch. Heute weiß ich, weil meine Eltern rausfinden wollten, wie zuverlässig ich mich um die Ziegen kümmerte. Ich muss zugeben: Mein Interesse erlahmte ziemlich schnell. Ziegen sind keine Reittiere, und das wollte ich. Schon hatten meine Eltern *das* Argument gegen meinen Pferde-Wunsch: „Du hast dich nicht mal um die Ziegen gekümmert! Was willst du denn dann mit einem Pferd?“

Die Schweinemast war der Wunsch meines Bruders. Er war zu der Zeit in der Ausbildung zum Metzger, ihm war klar: Damit kann man Geld verdienen. Also war sein Plan, die Kühe abzuschaffen. Er wollte dem Hof eine neue Richtung geben. Meine Eltern unterstützten ihn, behielten allerdings auch die Kühe. Denn die brachten das Geld, um den Hof über Wasser zu halten und weiter wirtschaftlich führen zu können.

Der Stall für die Schweine wurde als Außenklimastall konzipiert und übertraf schon damals alles, was wir heute in der konventionellen Schweinemast in Sachen Tierkomfort vorfinden. Zehn Gruppen à 70 Ferkeln konnten wählen zwischen einem überdachten Auslauf auf Stroh und einer mit Stroh eingestreuten Hütte. Über drei Monate wurden sie gefüttert und versorgt und dann weiterverkauft. Das lohnte sich zwar halbwegs, bedeutete aber auch zusätzliche Arbeit.

Warum ich das erzähle? Weil viele Leute von der Landwirtschaft ein reichlich verklärtes Bild haben. Sie sehen das idyllische Leben auf dem Lande, sie vermuten eine nicht entfremdete Arbeit, hart, aber ehrlich, naturverbunden, durch und durch sinnvoll, weil sie dem Wichtigsten dient, was eine Gesellschaft braucht: Nahrung für alle. Das trifft alles zu, aber jeder Bauernhof ist auch ein Wirtschaftsbetrieb. Was man tut, muss sich rentieren.

Es war beileibe nicht so, dass meine Eltern es sich dabei leicht gemacht hätten. Risiko, Arbeitsaufwand und Verdienstmöglichkeiten hielten sich die Waage.

Doch was gab's für ein Geschrei im Dorf, als sie mit den Schweinen anfingen! Niemand wollte die Schweine vor der Nase haben: den Gestank, den ganzen Mist. Manche Nachbarn sprachen nicht einmal mehr mit meiner Mutter. Doch die Schnitzel aßen die Leute natürlich schon gern.

Die Frage muss darum heißen: Was will man eigentlich? Als Verbraucher? Als Bauer? Will man auf diese Weise sein Geld verdienen? Meine Eltern haben sich jahrzehntelang mit der Schweinemast verausgabt. Als ich schließlich zurück auf den Hof kam, war das eine meiner ersten Veränderungen. Ich hab zu ihnen gesagt: „Wir müssen mit der Schweinemast aufhören. Das wächst uns sonst über den Kopf. Die Kühe reichen. Wir müssen uns spezialisieren!"

Wir haben an der Stelle die Bremse gezogen, als es sich nicht mehr gerechnet hat. Ganz unsentimental haben meine Eltern sich Jahre später wieder auf die Milchwirtschaft konzentriert und den Bestand ihrer Herde vergrößert.

Ich bin schwul

Jugend auf dem Lande ging so: Schule (langweilig!), Lernen (hab keine Lust!), Freizeit, Bolzen, die Clique treffen, Mithelfen auf dem Hof (bei uns zumindest) und dann, ab Freitagabend: Wochenende! In die Disco sind wir zwar nicht, das gab es bei uns nicht, Würzburg war zu weit weg und irgendwie auch blöd, aber bei uns gab es Tanzveranstaltungen in den Gemeindesälen und Jugendzentren der verschiedenen Dörfer. Schon am Donnerstagabend hieß es: „Was macht ihr Freitagabend?"

Jemand wusste immer: Da ist doch Dorftanz in Wo-auch-immer. Also ging man da hin, verabredete sich dort für den Samstagabend und am Samstagabend für den Sonntag. Bis auf den Fahrer schossen sich alle mit Asbach Cola ab. Montags, im Bus und in der Schule, mussten wir uns erst mal ganz dringend erholen ...

In diesen Jahren hatte ich meine ersten Freundinnen. Ich war richtig verknallt. Aber ich nahm trotzdem wahr, dass ich irgendwie anders war und auch anders sein wollte. Wenn ich mit meinen Klassenkameraden beim Schulsport in der Umkleide stand, spürte ich, dass es mir nicht darum ging, so zu sein wie die anderen Jungs, sondern dass ich mit ihnen sein wollte. Wenn ich mich richtig erinnere, war ich zwölf, als es mir zum ersten Mal richtig auffiel. Es dauerte noch ein paar Jahre, bis ich damit rausging, aber ich musste schon relativ früh ganz anders über mein Leben nachdenken als die anderen Jungs um mich herum. Die konnten sagen: „Hei, super, alles gut, irgendwann heirate ich, habe Kinder, gründe eine Familie."

Ein Leben in gewohnten Bahnen.

Ich hingegen musste mich fragen: Bin ich wirklich schwul? Und wenn ja: Was bedeutet das für mich? Soll oder muss ich mich outen? Was bedeutet das wiederum für mein Umfeld? Kann ich langfristig hierbleiben, wenn ich schwul bin? Muss ich wegziehen, weil ich schwul bin? Gibt es einen Beruf, der mir das ermöglicht? Wo will ich leben?

Ich musste mir ganz andere Gedanken machen. Das Gradlinige, das, was alle anderen machen, fiel für mich aus. Das hat mich zwar nicht geängstigt, ich hatte auch nicht wirklich das Bedürfnis, mich mit jemandem darüber zu unterhalten – ich musste nur erst herausfinden, wer ich eigentlich bin. Das hat meinen Charakter geprägt und mein Leben beeinflusst.

Bei einem Tanzkurs, bei dem unsere Klasse und die Realschulklasse des gleichen Jahrgangs zusammengelegt wurden, nahm ich dann zum ersten Mal einen Jungen richtig wahr. Der war auch irgendwie anders als die anderen Jungs, eher so wie ich. Bei ihm hatte ich das Gefühl, er könnte schwul sein. Aber ich sprach ihn natürlich nicht darauf an, sondern zerbrach mir allein den Kopf.

Erst viele Jahre später, da war ich schon 21 und von meiner Neuseeland-Reise zurück, begegnete ich ihm bei einer gemeinsamen Freundin wieder. Er fragte mich, ob ich nicht mit ihm und ein paar Kumpels zum Skifahren wolle. Ich wollte – und dort passierte es. Er war schwul. Und wurde mein erster Freund.

Für meine Eltern war das sicher nicht einfach. Ich kann mir lebhaft vorstellen, wie die Nachbarn hinter ihrem Rücken tuschelten: „Der arme Helmut! Die arme Ilse! Jetzt ist der Bub auch noch schwul!“ Und dann wurde gekichert: „Na, zum Glück haben sie noch den Martin.“

Meine Oma meinte nur: „Es tut mir einfach leid für dich, dass du im Leben wahrscheinlich immer wieder auf Schwierigkeiten stoßen wirst.“ Und: „Ich hab dich trotzdem lieb.“

Noch besser wäre gewesen: Ich hab dich gerade deswegen lieb. Denn mein Schwulsein und meine Auseinandersetzung damit haben mich extrem geprägt. Ich habe so viel nachgedacht über ein grundsätzliches Anderssein, über meine persönliche Zukunft, über gesellschaftliche Normen und über meine individuellen Möglichkeiten, über mich, über meine Familie, über meinen eigenen, selbstbestimmten Weg. Und das hat mich schließlich zu dem Menschen gemacht, den sie mag.

Schule – ade

1996 hatte ich den Hauptschulabschluss in der Tasche.

„Irgendwas muss der Junge ja machen“, sagte meine Mutter. Und weil ich mir immer wieder gerne selbst etwas gekocht hatte, kam sie auf die Idee, dass ich Koch werden könnte. Man muss sich vorstellen: Ich war damals gerade mal 15 Jahre alt und ziemlich kurz geraten. Ein Knirps! Bei einem Praktikum im

Hotel sagte der Ausbilder zu meiner Mutter: „Könnt ihr den Gerd nicht noch für ein Jahr in einer anderen Schule unterbringen, damit der noch ein bisschen wachsen kann?"

Also wurde ich erst einmal auf die hauswirtschaftliche Berufsfachschule geschickt. Ein Jahr später stand ich gestiefelt und gespornt in meiner neu gekauften, feschen Koch-Kleidung und ausgestattet mit dem eigenen, blank polierten Messer-Set (einem Geschenk meines Paten zur Konfirmation) im Maritim Parkhotel Bad Mergentheim.

Die nächsten zwei Jahre zwischen Berufsschule und Arbeit wurden anstrengend. In der Berufsschule lernte ich die ganze Theorie: Ernährung, Verdauung, wie ist das mit den Kalorien? Wie viel braucht der Mensch? Welche Nährstoffe sind in welchem Nahrungsmittel? Was wirkt im Körper wie? Heute würde ich übrigens sagen, dass Ernährungsgrundlagen in jeder Schule, egal welchen Schultyps, auf dem Lehrplan stehen sollten. Es ist das Essenziellste im Leben.

Die Küche im Parkhotel war vor allem eins: bodenständig. Was ich als Erstes selbst zubereitete? Keine Ahnung mehr, wahrscheinlich war es eine Salatsoße. Meine Mutter gab jedenfalls ständig damit an, was für ein begabter Koch ich sei. Die Nachbarin fragte: „Was kann er denn so, der Gerd?!" – „Obstsalat!", schwärmte meine Mutter. Als würde das unter Kochen laufen.

Schlimm war allerdings die Atmosphäre während der Ausbildung. Wie mit den Leuten umgegangen wurde, besonders mit dem Lehrjungen, der ein Jahr älter war als ich, gefiel mir überhaupt nicht. Der wurde von morgens bis abends von den anderen gepiesackt und schikaniert.

»IRGENDETWAS

muss der Junge ja machen!«

Klar war der nicht der Allerhellste und auch nicht der Allerschnellste, aber das gibt doch niemandem das Recht, jemand anderen mies zu behandeln. Jedenfalls hat keiner etwas dagegen unternommen, nicht mal mein Chef, der Koch, bei dem ich lernte.

Dabei beeindruckte der mich sonst so. Ein strenger Mann, aber einer mit Ideen und Visionen. Es konnte schon mal passieren, dass er den Teller mit dem Dessert durch die Küche schleuderte und rumbrüllte, weil er nicht zufrieden war mit dem Ergebnis. Er hatte eben eine Vorstellung von Qualität. Was nicht schön angerichtet war, flog durch – im wahrsten Sinne des Wortes.

Zu mir sagte er immer wieder: „Du kannst das besser, Gerd!" Darum war er so streng mit mir.

Und: Er liebte seine Arbeit. Es ging ihm wirklich darum, gutes, frisches, gesundes Essen zuzubereiten.

Als er aufgrund einer schweren Erkrankung gehen musste, wurde die Arbeit in der Küche immer liebloser. An allen Ecken und Enden wurde gespart. Bleiben wollte ich da auf keinen Fall.

Ich konnte die Lehrzeit verkürzen und erhielt mit der Abschlussprüfung gleich noch den Realschulabschluss.

Und dann hieß es wieder: und nun?

Ein anderer Blick aufs Leben

Ich gehe mit einem Eimer durch unterirdische Krankenhausgänge. In dem Eimer sind – man kann's ja kaum laut sagen – abgeschnittene Gliedmaßen, ein Fuß, eine Hand. „OP-Abfälle" nennt man das. Und nein, dies ist keine Szene aus einem Splatterfilm – dies war meine nächste Station: der Zivildienst.

Bundeswehr kam für mich nicht infrage. Die Grundausbildung hätte ich noch okay gefunden, aber Lebenszeit mit irgendeinem Mist zu vergeuden, wie stundenlang Panzer zu bewachen, das wollte ich nicht. Also absolvierte ich meinen Zivildienst am Krankenhaus in Bad Mergentheim. Ich war im Hol- und Bringdienst, brachte die meiste Zeit Patienten von Zimmer zu Zimmer und zu den Untersuchungen, aber immer wieder gehörten eben auch die Touren vom OP in die Pathologie dazu. Bei einer davon löste sich der Deckel des Eimers und ein Fuß plumpste vor einem Patienten auf den Boden. Willkommen in Absurdistan! Das kann man mal seinen Enkelkindern erzählen oder seinen Nichten und Neffen.
„Wie hältst du das bloß aus?“, fragte Christian an einem Abend. „Das muss doch schrecklich sein, den alten Leuten den Hintern abzuputzen.“

Abgesehen davon, dass dafür andere zuständig waren, dachte ich viel mehr darüber nach, wie furchtbar das vor allem für die alten Menschen sein musste. Da bist du ein Leben lang selbstständig – und dann kommt ein wildfremder junger Kerl daher und sagt: „So, Hose runter, wir gehen jetzt aufs Klo.“

Der Zivildienst veränderte meinen Blick aufs Leben, gerade auch die traurigeren Erfahrungen, etwa, als mein alter Küchenchef aus dem Hotel Maritim unheilbar krank zu uns auf die Station kam. Ich sprach ihn auch dort noch mit „Chef“ an – „Mensch, Gerd, lass das doch!“, sagte er, aber ich konnte nicht anders.

Überhaupt schulten diese Monate im Krankenhaus meinen Umgang mit anderen Menschen, speziell mit der älteren Generation.

Dabei hatte ich schon daheim einiges davon ganz selbstverständlich mitbekommen: Meine Mutter pflegte bei uns zu

Hause wie gesagt meinen Onkel. Als Kinder war es für uns undenkbar, Angehörige in einem Heim pflegen zu lassen. Später pflegte sie meine Oma Gerda, die Mutter meines Vaters, sie war eine beeindruckende Frau. Bis kurz vor ihrem Tod, mit Mitte neunzig, stand sie immer noch am Herd und kochte für uns alle. Sie war für meine Mutter die beste Freundin. Die beiden mochten sich wahnsinnig gern. Natürlich wohnte meine Oma bis zum Schluss in ihrem Haus, bei uns, und als sie 2006 starb, war das für meine Mutter schrecklich.

Das Erste, was sie damals sagte, war: „Ich hätte Gerda gerne noch länger gepflegt. Ich hätte ihr gerne noch mehr von dem zurückgegeben, was sie mir gegeben hat."

Das muss man sich mal vorstellen. Klingt in unseren Zeiten ziemlich abwegig, oder?

Wie wenig selbstverständlich eine solche Lebenseinstellung ist, begriff ich erst Jahre später, in der anderen Welt, der Welt der Mode.

Weg vom Hof

Inzwischen schreiben wir das Jahr 2001, ich bin 20 Jahre alt und gerade mit dem Zivildienst fertig geworden.

Wieder weiß ich nur, was ich nicht will: als Koch arbeiten. Was ich stattdessen beruflich machen könnte, steht in den Sternen. Also beschließe ich, erst einmal ein Jahr ins Ausland zu gehen. Ich möchte etwas sehen von der Welt, ehe ich mich festlege. Das ist der Plan. Und wieder ist es meine Mutter, die den entscheidenden Hinweis gibt. Ausgerechnet in ihrem Landwirtschaftlichen Wochenblatt hat sie gelesen, dass es das gibt: „work and travel“. Nur – wohin? Ich google mich durch Australien, lande in Neuseeland, „Hey“, denke ich, „das ist ja hübsch!“

„Da kenn ich jemanden“, sagt meine Tante, „Sigi, der Neffe meiner Nachbarin, lebt in Neuseeland und betreibt dort ein kleines Hotel in Christchurch.“ Ich könnte ihn ja mal anrufen!

Das wird meine erste Anlaufstelle.

Und so packe ich meinen Rucksack und mache mich auf die erste von vielen Reisen in meinem Leben.

Neuseeland ist – umwerfend schön. Bei der Ankunft wärmt mich die Sonne, der nasskalte März in Deutschland ist vergessen. Der Wind pustet mich durch, überall, wo ich stehe, ist Meer in der Luft. Dazu kommt die Freundlichkeit und Weltoffenheit der Menschen. Ich fühle mich von Anfang an pudelwohl. Irgendwann in den ersten zwei Wochen in Christchurch lädt mich Nita, die Neuseeländerin, mit der Sigi verheiratet ist, zum Essen ins Christchurch Art Center ein. Ich sitze mit ihr und ihren Zwillingstöchtern am Tisch, als ich plötzlich bemerke, dass die Gruppe junger Frauen am Nebentisch Deutsch spricht.

Begeistert springe ich auf, lasse mich auf den freien Stuhl an ihrem Tisch fallen und sage: „Krass! Ich bin auch Deutscher!“ Betroffene Stille. Die müssen gedacht haben: Der Typ spinnt. Ein Gespräch ergibt sich natürlich nicht und ich ziehe unverrichteter Dinge und mit dem Stempel „Vollidiot!“ auf der Stirn wieder ab.

Später verging kaum ein Tag, an dem ich nicht irgendwelche Deutschen traf. Da erlebte ich die Situation zigmal wieder – nur war ich nun auf der anderen Seite: Ich war derjenige, der cool am Tisch saß.

Die ersten Monate in Christchurch bin ich damit beschäftigt, Frühstück im Hotel zu machen, ein überschaubarer Job. Ich fühle mich so wohl, dass mich Sigi nach drei Monaten weiterschickt: „Hey, du bist doch hergekommen, um zu reisen!"

Und das mache ich dann auch. Monatelang erobere ich mir das Land, lerne verblüffend schnell und intensiv andere Backpacker kennen. Alle suchen Anschluss und Austausch und niemand will sich mit Small Talk aufhalten und seine Zeit mit Schablonen-Gesprächen verpulvern, als handle es sich um einen Eintrag ins Freundschaftsbuch.

Stattdessen dringen wir schnell zum Wesentlichen vor, erzählen einander von dem, was uns gerade wirklich beschäftigt, hören zu, werden selbst immer offener und neugieriger. Diese Gespräche mit eigentlich fremden Menschen begeistern mich. Der Satz „Reisen bildet" bekommt dadurch eine ganz andere Bedeutung. Es geht nicht nur ums Mehr-Wissen und Mehr-Kennen. Reisen verändert von Grund auf. Reisen macht aus dir einen anderen, einen weltoffeneren Menschen.

Bis heute sind mir aus dieser Zeit Freundinnen und Freunde geblieben, die mich besuchen, wenn sie in Deutschland sind.

Es war die Initialzündung dafür, dass später Helferinnen und Helfer aus dem Ausland zu uns auf den Hof kamen, um gegen Kost und Logis mit anzupacken.

„Jetzt kommt die Welt zu uns", hat meine Oma dann gesagt. Und war glücklich.

Erst mal aber war ich noch in der Ferne und badete im Ozean vor Neuseelands Küsten. Und ich badete in der Schönheit der Landschaft. Diese Farben! Die Atmosphäre! Die Stimmungen!

In jedem Dorf dort, in jedem Haus hingen Aufnahmen von dieser unglaublichen Natur. Neuseeland ist ein Eldorado für Fotografie. Entsprechend gibt es dort auch jede Menge Fotografen, die ihre Bilder ausstellen und zwar überall: in Museen, in Galerien, in irgendwelchen Hinterhöfen oder Garagen.

Ein neuer Traum: Fotografie

Nach der Keine-Ahnung-wievielten-Ausstellung wusste ich: Das will ich auch machen. Ich will Fotograf werden! Und da ich auch weiterhin reisen wollte, stand der nächste Plan fest: Ich studiere Fotografie und arbeite dann als Reisefotograf, am liebsten für *GEO* oder für *National Geographic*.

Meine Freunde lachten sich kaputt, als ich ihnen davon erzählte. Die konnten das gar nicht glauben. „Du? Fotograf? Was willst du denn knipsen? Rindviecher vielleicht?!"

Und sie hatten ja Recht: Ich hatte mich bis dahin überhaupt nicht für Fotografie interessiert, ich wusste nichts.

Mein Vater tat das Ganze sowieso als Spinnerei ab: Der Gerd wieder! Brotlose Kunst!

Natürlich hatte ich privat Fotos gemacht, bei Festen, in den Ferien, aber ich hatte keine Ahnung, was eine Blende ist, wie man Licht setzt. Die ganze Technik war mir komplett fremd. Aber: Ich wollte Fotograf werden!

Als Passbild-Knipser wollte ich allerdings nicht enden. Ich wollte nicht der Typ werden, der die ganzen Hochzeiten und Konfirmationen und runden Geburtstage ablichtete.

Ich wollte reisen. Zurück in Deutschland machte ich deshalb erst meine Fachhochschulreife nach, um mich dann für ein Studium der Fotografie an der Kunsthochschule Düsseldorf zu bewerben. Wenn ich mir heute die Bewerbungsmappe anschaue. Hilfe! Lauter Landschaftsbilder aus Neuseeland: Sonnenuntergänge, Klippen am Meer, sehr viel Stimmung, aber null Komma null Konzept.

Die Aufnahmeprüfung bestand ich damit natürlich nicht. Aber mir wurde geraten, doch mal ein Praktikum zu machen. Ich habe ein bisschen rumrecherchiert und in der redBox, einem Verzeichnis für Werbeschaffende, zwei Stellengesuche für Assistenten gefunden, eine in Stuttgart und eine in Hamburg. Die vom Studio in Hamburg sagten: „Dann komm doch morgen mal vorbei."

So landete ich in Hamburg. Wäre ich vorher nicht durch Neuseeland gereist, hätte ich mich das allerdings nicht getraut: einfach so, über Nacht, Hunderte von Kilometer nach Hamburg durchzustarten – aber so war's kein Problem. Zimmer gebucht, losgefahren, beworben. Ich fragte zwei Freunde, ob sie mitfahren wollten, Christian war natürlich einer der beiden. Auf dem Rückweg machten wir einen Abstecher nach Osnabrück, um eine Freundin zu besuchen, die ich in Neuseeland kennengelernt hatte. Das war besonders schön, so schloss sich der Kreis: denn erst mein Neuseeland-Aufenthalt brachte mich zur Fotografie und schließlich nach Hamburg.

Ganz ehrlich: Ich glaube, das Studio nahm mich nur, weil sie niemand anderen fanden. Aber für mich war es ein Glücksfall.

So zog ich mit Sack und Pack nach Hamburg. Von dort ging es weiter durch Europa bis nach Amerika.

Aber: Ich bin zurückgekommen, Jahre später.

Ein Grund dafür ist: Ich bin mit meiner Kindheit verbunden.

»Listen to

YOUR EYES.«

MEINE WANDERJAHRE ALS FOTOGRAF

Von Süd nach Nord

Bergedorf – das klang so, als wäre es genau der richtige Ort für mich. Wenn schon in die Stadt, dann auch gleich in einen Bezirk, der das Dorf im Namen trägt. Bergedorf war meine erste Anlaufstelle, ein Vorort von Hamburg. Übers Internet hatte ich ganz problemlos ein Zimmer zur Untermiete gefunden und so stand ich mit meinem vollgeladenen Fiat Punto auf dem Parkplatz hinterm Haus meines zukünftigen Vermieters. Wer nicht kam, war dieser Typ. Ich wartete und wartete, drei volle Stunden, bis er endlich um die Ecke bog – völlig breit.

„He, Kumpel! Sorry! Hatte noch zu tun! Meine Freundin – Frauen, du weißt schon." Nö! Wusste ich nicht!

„Jetzt schau nicht so! Kannst sie dir ja mal ausleihen. Na, ist das ein Angebot?! Ha, ha! Is'n Witz!"

War es nicht. Wenn ich was zum Rauchen bräuchte oder so, legte er nach, könnte ich es auch über ihn beziehen.

Willkommen in der Großstadt! Ich ließ bis auf mein Bettzeug alles im Auto, legte am nächsten Morgen das Geld für eine Übernachtung auf den Küchentisch und machte mich auf den Weg in Studio. Das war die kürzeste erste Anlaufstelle meines Lebens. Es konnte nur besser werden.

Und das wurde es auch. Gleich nach der Ankunft begann ich mit der Arbeit im Studio. Sofort bekam ich die ersten Aufgaben zugeteilt, trug Kabelrollen von A nach B, ging dem Assistenten und dem Fotografen zur Hand. Ansonsten schaute ich sehr genau zu. Und obwohl alle sehr beschäftigt waren, wurde ich ausgesprochen freundlich aufgenommen. Besonders Freddy, einen der Angestellten, mochte ich von Anfang an sehr gern. „Bist du gut angekommen in Hamburg?“, fragte er mich später am Tag.

„Na ja“, antwortete ich. „Gibt’s in Hamburg so was wie die Heilsarmee? Ich hab noch keinen Platz zum Übernachten.“

„Warte mal“, sagte Freddy, rief schnell seine Frau an und die sagte: „Bring den Gerd doch einfach mit.“

Aus einer Übernachtung wurden drei Monate. Bis heute sind Freddy und seine Frau Simone enge Freunde von mir. Zusammen mit ihrer Tochter Emelie besuchen sie mich mindestens zweimal im Jahr auf dem Land.

Besser hätte Hamburg nicht anfangen können.

Übung macht den Meister

Mit den Monaten fühlte ich mich in Hamburg zunehmend zu Hause. Nachts eroberte ich die Bars und Kneipen, tagsüber arbeitete ich. Die Zeit des Kaffeekochens im Studio war bald vorbei. Ich sperrte Augen und Ohren auf: Was ziehen die Kollegen an? Wie treten sie auf? Als Erstes musste ich meine Garderobe ändern. Jeans, T-Shirt und Turnschuhe waren viel zu normal und langweilig. Also zog ich nach der Arbeit los und plünderte die Second-Hand-Shops im Schanzenviertel. Es dauerte nicht lange, bis man auch an meinem Kleidungsstil erahnen konnte, was ich beruflich machte.

In dieser Zeit fing ich zudem an, meine Klamotten umzugestalten: Aus alt mach neu. Ich schnitt T-Shirts in der Mitte auseinander und nähte die unterschiedlichen Teile zusammen – fertig war der neue Look. Ich war sogar so vermessen zu glauben, dass das ein neuer Trend wird. Gerd, der Modedesigner! Zumindest war es ein Anlass, miteinander ins Gespräch zu kommen: „Ach, das ist doch der Praktikant mit den lustigen T-Shirts" – schon hatte man etwas, worüber man sich unterhalten konnte.

Denn das ist bei der Arbeit eines Fotografen nicht zu unterschätzen: der Umgang mit den Leuten. Den richtigen Ton zu treffen musste ich genauso üben wie die Technik des Fotografierens. Ist ein bisschen frotzeln erlaubt oder kommt das zu forsch rüber? Wie verhältst du dich, wenn eine deutsche Charakterdarstellerin genauso kühl reagiert, wie sie im Film, im Fernsehen und auf den Pressefotos rüberkommt? Wie gehst du damit um, wenn sie dich anmotzt und dir deutlich zu verstehen gibt, dass sie mit dir kleinem Assistenten-Würstchen bestimmt nicht kommunizieren wird? Verbuchst du das unter

„Na ja, jeder hat mal einen schlechten Tag"? Wehrst du dich? Hältst du die Klappe?

Wieder mal versuchte ich rauszufinden, an welchem Platz ich stand. Schließlich ist wenig so nervig wie ein Praktikant oder ein Assistent, der keine Distanz hält, einen auf Kumpel macht, sich mit coolen Sprüchen in den Vordergrund spielt oder gar mit gezücktem Autogrammheft den Models und Promis hinterherrennt. Geht gar nicht!

Ich hatte Respekt, das auf jeden Fall, aber ich erstarrte nie in Ehrfurcht.

Prominenz am Set

Na ja – fast nie. Als eines Tages Claudia Schiffer bei uns im Studio fürs Cover des *Quelle*-Katalogs fotografiert werden sollte, war ich schon sehr nervös ...

Alles war picobello vorbereitet, ich hatte dafür gesorgt, dass das Frühstück auf dem Tisch stand, der Kaffee gurgelte in der Maschine, die Tür ging auf – und leibhaftig stand die Frau im Raum, die ich zigmal in Illustrierten oder im Fernsehen gesehen hatte. Selbst wenn man sich nicht sonderlich für Mode interessierte: An Claudia Schiffer kam keiner vorbei. Sie war eines der Supermodels, eine Ikone der Modewelt, die Muse von Karl Lagerfeld, stilbildend und wunderschön. Und plötzlich gab sie mir die Hand, wir wechselten ein paar Sätze, ich bewunderte ihr neugeborenes Kind, die Stimmung war entspannt. Nur ich hatte, fürchte ich, vor lauter Aufregung sehr rote Ohren.

Bei derart wichtigen Produktionen sind sehr viele Menschen vor Ort: der Fotograf und sein gesamtes Team, die Stylisten, die Haare- und Make-up-Leute und natürlich der Kunde. Da kommt man ganz schnell auf zwei Dutzend Leute. Alle anderen waren routiniert in ihrem Job, für sie war die Begegnung mit einem Supermodel nichts Besonderes. Für mich aber war es ein Höhepunkt in meinem jungen Assistenten-Leben.

Solche Situationen lehrten mich ganz nebenbei, dass die Fotografie keine so brotlose Kunst ist, wie mein Vater immer behauptet hatte, sondern ein lukrativer Job. Für das Titelbild des Quelle-Katalogs bekam ein Model wie Claudia Schiffer damals mehrere Zehntausend Euro. Die Fotografin sicherlich auch.

Ich selbst verdiente als Assistent bis zu 350 Euro am Tag. Dafür musste man bei uns auf dem Hof sehr, sehr viel arbeiten. Niemand geht in der Landwirtschaft mit solchen Tagessätzen nach Hause.

Mich pushte das alles enorm. Prominenz so hautnah zu erleben ist nicht nur aufregend und interessant – für Shootings dieser Größenordnung werden namhafte Fotografinnen und Fotografen gebucht, in diesem Fall war es Gabo, selbst früher Fotomodell, dann Celebrity-Fotografin, lange die Freundin von „Hosen"-Frontmann Campino.

Stellte sich nur die Frage, warum manche Fotografen so gefragt waren und andere nicht. Um das rauszufinden, musste ich nur genau hinschauen und mir nichts entgehen lassen: Wie bereiten sich die Fotografen vor, bevor sie überhaupt das erste Foto schießen? Wie sorgen sie für die richtige Stimmung am Set? Ist Reden Silber oder Schweigen Gold? Gibt jemand den Coolen oder den Macker? Provoziert jemand die Models, um sie aus der Reserve zu locken oder sind klare Anweisungen besser? Was ist für die Komposition eines Bildes wichtig? Wie spricht man sich vor einem Shooting so ab, dass das Ergebnis herauskommt, das man haben möchte? Worauf legen die Stylistinnen beim Styling und die Make-up-Artisten beim Make-up wert? Wie beeinflusst das Licht das Make-up?

Natürlich gibt es dafür kein Patentrezept, aber ich saugte alles auf und merkte ziemlich schnell, dass mir ausgerechnet die technische Seite der Fotografie besonders liegt, genau das, wovon ich bislang keine Ahnung gehabt hatte: Blendenwerte, Belichtungsmessung, Belichtungszeiten, Einstellungen.

In diesen Jahren lernte ich auch, dass es verschiedene Arten von richtig guten Fotografen gibt. Die einen sind richtig gut im Licht, andere im Umgang, wieder andere vernetzen sich einfach nur richtig gut und sind zur richtigen Zeit am richtigen Ort. Und richtig gut kann auch heißen, sich Leute dazuzubuchen, die das beherrschen, was man selbst vielleicht nicht ganz so gut kann. Das kann ein erfahrener Assistent sein, der richtig gut Licht macht, oder ein Stylist der nebenbei die Gabe hat, dass sich alle am Set wohlfühlen. Fotografie ist Teamarbeit. Und für einen guten Fotografen ist es genauso wichtig, ein gutes Team zusammenzustellen, wie eine Vision zu haben.

Einer der Fotografen, in deren Studio ich arbeitete, hieß Peter Hönnemann und gehörte damals zu den bekanntesten Fotografen Deutschlands. Von ihm stammt der berühmte Satz: „Listen to your eyes“ – hör auf deine Augen, vertrau ihnen, sie werden dir die richtigen, die wichtigen Geschichten erzählen.

Er bekam den Auftrag, vier oder fünf Nobelpreisträger zu fotografieren, unter anderem den Dalai Lama. Nach Indien durfte ich dann zwar leider nicht mit, dafür war ich in Hamburg dabei.

Den verschiedenen Preisträgern wurde jeweils ein Prominenter an die Seite gestellt. Auf diese Weise erlebte ich auch Michael Douglas live.

Bei einem anderen Shooting saß Christoph Waltz, der damals noch ganz am Anfang seiner Karriere stand und bei „Kommissar Rex" mitspielte, mit Tobias Moretti auf dem Sofa im Studio.

Als Assistent sollte ich mich natürlich im Hintergrund halten und möglichst unsichtbar sein. Wir begrüßten uns, ich maß die Belichtung: „Sorry!" – „Macht nichts, kein Problem."

Beim Betrachten des Polaroids rutschte mir dann ein „Ach, wie süß!" raus, weil Waltz und Moretti ein so nettes Paar auf dem Sofa abgaben.

Waltz rückte sofort einen Kilometer von Moretti weg.

Hinterher kam Philipp Rathmer, der Fotograf, bei dem ich nach Hönnemann assistiert hatte, zu mir und sagte: „Mensch, Gerd! Manchmal wäre es besser, du würdest einfach den Mund halten!"

Spiel aus Nähe und Distanz

Nach einem Jahr in Hamburg war ich in der Fotografen-Szene schon gut vernetzt. Ich hatte verschiedenen Fotografinnen und Fotografen assistiert, es wurde Zeit für den nächsten Schritt: Ich wollte selbst fotografieren oder, wie es am Anfang eben ist, parallel assistieren und fotografieren. Als Assistent hatte ich die Abläufe im Blick, sorgte für die technischen und organisatorischen Voraussetzungen, damit alles reibungslos klappte. Als Fotograf trug ich die kreative Verantwortung. Ich machte beides gern und brauchte außerdem das Geld, das ich beim Assistieren verdiente.

Ein halbes Jahr, nachdem ich mit meinem Praktikum fertig war, bekam ich die ersten Aufträge. Es lief gut für mich. Ich fotografierte mein erstes Titelbild für die *Brigitte.* Ich nahm Foto-Strecken für das Hamburger Mode- und Beauty-Magazin *tush* auf, arbeitete für *Financial Times Deutschland,* für die *Gala* und für *Brigitte Woman.*

Und ich entdeckte mein Faible für Porträtfotografie. Ich fotografiere nicht nur besonders gerne Gesichter – ich schaue sie mir auch besonders gerne an. In Neuseeland sagte ein Mädchen, mit der ich eine Zeit lang gereist bin, sogar zu mir: „Stop staring at people!" Ich starre anscheinend wirklich oft, etwas an Menschen, Mimik, Gesichtern, Gesten, etwas an dem Spiel aus Nähe und Distanz, scheint mich besonders zu faszinieren.

Vielleicht landete ich deshalb bei der Modefotografie und machte später als Beautyfotograf hauptsächlich Haar-Produktionen. Ich verstand es, das, was der Hairstylist geschnitten und gefärbt hatte, optimal zur Geltung zu bringen. Nichts wurde dabei dem Zufall überlassen, alles war Präzisionsarbeit. Mein größter Kunde wurde Schwarzkopf.

Aber auch andere Produktionen sind mir besonders in Erinnerung geblieben. Für *tush* sollte ich Obdachlose fotografieren. Merkwürdiger Job, fand ich. War das nicht indiskret? Ich wollte auf keinen Fall voyeuristisch rüberkommen, ich wollte den Job richtig gut machen, und richtig gut hieß gerade in diesem Kontext für mich: Ich wollte die Gesichter zeigen, wie sie sind, und die Geschichten dahinter einfangen. Ich wollte nicht die Verwahrlosung, die Armut, das vermeintliche Scheitern in den Vordergrund stellen, sondern die jeweiligen Menschen:

Porträtfotografie in einem Ausmaß, wie ich es nicht alle Tage praktizieren konnte.

In einer knappen Bildunterschrift wurden nur die Fakten genannt: Name, Alter, letzter fester Wohnsitz, seit wann die Leute auf der Straße lebten und warum. Was er oder sie sich wünschten. Ansonsten: viel Ausdruck, viel Emotion. Viel Bild – wenig Text. Das war die Idee. Die Fotos sind toll geworden. Einer der Obdachlosen hatte die langen Haare streng aus dem Gesicht gebunden. Ein paar graue Strähnen hatten sich gelöst. Die dunklen Augen blickten ernst. Um den Mund hatten sich tiefe Falten eingegraben. Ansonsten war das Gesicht noch wenig von der Kälte, den Entbehrungen, dem Alkohol gezeichnet, sondern imposant. Eine Lebenslandschaft.

In solchen Momenten liebte ich meinen Beruf ganz besonders.

Als Assistent hatte ich gerade noch die Ausläufer der goldenen Zeiten mitbekommen: Wir waren jung, unsere Kunden hatten Geld, wir hatten Ideen. Wir konnten nicht nur, wir sollten einen unglaublichen Aufwand betreiben. Entsprechend speziell und eben nicht austauschbar waren die Ergebnisse.

Als Fotograf erlebte ich diese Zeiten nicht mehr, aber da war ja der Reiz der Eigenverantwortlichkeit. Der eigenen Handschrift. Das kann schon auch berauschend sein: Wenn die Hefte aus der Druckerei geliefert werden, du die Seite aufschlägst – und da dann dein Name steht.

Fotografie: Gerd Bayer. Das ist bis heute ein tolles Gefühl.

Unter die Haut

2007. Wieder einmal packe ich meinen Koffer. Wir steigen in den Flieger, unser Ziel: die Malediven. Philipp, der Fotograf, für den ich inzwischen als Assistent fest gebucht bin, hat einen Auftrag für die *Gala:* Wir werden die Schauspielerin Ursula Karven in den Urlaub begleiten und vor Ort fotografieren. Dazu hat ein Reiseveranstalter eingeladen. Der Deal: Karven kann mit ihrer Familie zwei Wochen im Luxus verbringen, wir schießen innerhalb weniger Tage die entsprechenden Fotos im Urlaubsparadies, sie plaudert ein bisschen aus dem Nähkästchen und schwärmt vom Hotel, vom Essen, der Atmosphäre, von der Insel.

Vom Flughafen geht es mit einem Bus zum Anleger, dann mit einem Boot zur Insel. Als wir ankommen, ist es früher Nachmittag und immer noch brütend heiß. Wir sind nicht etwa in Hotelzimmern untergebracht: Philipp und ich haben ein ganzes Haus für uns allein, strahlend weiß hebt sich der Bungalow gegen das Tiefblau des Himmels ab. Die Türen zur Terrasse stehen offen, der Wind bauscht die Gardinen, auf dem Tisch lachen uns Cocktails vor Bergen aus frischem Obst an, das Wasser des Swimmingpools glitzert türkisblau. Luxus pur! Das Ganze läuft unter Arbeit, und das Beste: Wir können es ungeniert genießen, denn das Gepäck mit der gesamten Ausrüstung ist nicht angekommen – erst mal sind wir zum Nichtstun verdonnert und kosten jeden Moment aus.

Philipp, die Make-up-Artistin Gudrun und ich schlendern zum Meer, schnorcheln, spazieren stundenlang am Strand entlang, natürlich um Locations für die Fotos zu suchen, innerhalb kürzester Zeit sind wir braun gebrannt und bestens erholt. Am Abend biegt sich das Hotel-Büfett unter der Last der

Speisen. Essen, sonnenbaden, schwimmen, trinken, ausruhen, sonnenbaden, faulenzen, quatschen, plantschen, essen, Siesta halten – das alles geht nahtlos ineinander über.

Im Pool probiere ich meine neue Unterwasser-Kamera aus: strampelnde Beine, lachende Gesichter hinter Taucherbrillen, der Sohn von Ursula Karven gesellt sich zu uns und hüpft mit Karacho ins Wasser. Arschbombe! Juhu!

Es ist wie ein Großfamilien-Wochenende. Wir kommen ins Gespräch, Ursula erzählt von ihren letzten Drehs, ich von meiner Kindheit auf dem Bauernhof.

Als das Equipment endlich ankommt, ziehen wir den Job, der für mehrere Tage angelegt war, an einem einzigen Tag durch. Den Fotos sieht man das überhaupt nicht an. Sie sind außergewöhnlich und gut. So wie die ganze Reise. So kurz sie war, gehört sie für mich zu den schönsten aus jener Zeit.

Kurz vor unserer Abreise fragt Ursula Karven mich, ob ich ihr eine CD mit den Daten der Fotos von ihrem Sohn geben könne.

Philipp warnt mich: „Du weißt schon, dass sie ein Kind verloren hat? 2001 ist ihr vierjähriger Sohn während einer Kindergeburtstagsparty ertrunken."

Nein, das wusste ich nicht. Also sage ich, als ich Ursula die CD in die Hand drücke, dass ich hoffte, die Fotos voller Unbeschwertheit und Sommerglück, die ich unter Wasser aufgenommen habe, würden nicht am schweren Verlust rühren und traurige Erinnerungen wecken.

In ihrem Buch *Yoga für dich überall*, das sie mir daraufhin geschenkt hat, steht: „Bleib, wie du bist." Ich weiß, dass sie das nicht nur so hingeschrieben hat. Keine Plattitüde. Jenseits der Professionalität sind sich zwei Menschen begegnet.

Das war es, was ich an meinem Beruf besonders mochte.

Hier wie dort: auf Erfolgskurs

In diesen meinen Wanderjahren als Assistent und Fotograf hatte ich ein sehr schönes Leben. Ich verdiente gut, dabei war ich noch nicht mal ein bekannter Fotograf. Das musste ich nach eigenen Maßstäben auch nicht sein. Es war wie damals, in Rüsselhausen, bei „Räuber und Gendarm": Es war ein Spiel, ein Abenteuer. Und ich war dabei, konnte die Karten neu mischen. Ich hatte die Regeln kapiert und spielte begeistert mit.

Für meine Oma bastelte ich ein Buch mit Polaroid-Fotos der verschiedenen Shootings. Manchmal blättere ich noch heute darin und staune selbst: Ich war an Produktionen überall auf der Welt beteiligt. Den einen Tag fotografierten wir auf den Malediven, den anderen in Thailand, dann wieder in Argentinien. Wir fraßen Tausende von Kilometern und hinterließen CO_2-Fußabdrücke, so groß wie Baden-Württemberg.

Aber zu dieser Zeit störte mich das nicht, ich machte mir keine Gedanken darüber. Im Gegenteil: Ich genoss es. Ich mochte meinen Beruf, ich war unabhängig, ich reiste, wie ich es mir damals in Neuseeland erträumt hatte – alles Erfahrungen und Erfolge, die mir niemand zugetraut hätte: meine Familie nicht und ich selbst erst recht nicht.

Während ich durch die Welt jettete, veränderte sich der Martinshof ebenfalls drastisch. Die Zeiten des kleinen Betriebs waren vorbei, inzwischen war der Hof ein landwirtschaftliches Unternehmen. Besonders mein Bruder Martin setzte auf Wachstum, meine Eltern unterstützten ihn dabei, die Politik auf nationaler und europäischer Ebene gab den Rest. Damals ging man davon aus, Betriebe seien nur dann wirtschaftlich rentabel, wenn auf gleicher Fläche immer mehr produziert würde und mindestens ein Prozent Wachstum im Jahr zu verbuchen sei. Erwirtschaftet wurde nicht, was der Boden von sich aus hergab, sondern das, was ihm maximal abgerungen werden konnte. Die Konsequenz: mehr Mineraldünger, um die Erträge zu optimieren, und Pflanzenschutzmittel für ungestörtes Turbo-Wachstum.

Auch der Martinshof wurde in diesem Sinne vergrößert. Martin und meine Eltern kauften und pachteten Land dazu. Aus den früher einmal 20 Hektar wurden auf diese Weise 120. In den 70er-Jahren hatte unser Hof zehn Milchkühe, inzwischen waren es 50, nicht zu vergessen die 1.000 Aufzuchtferkel. Meine Familie investierte, die Produktion wurde stetig erhöht und das musste erst einmal bewältigt werden. Denn es macht einen riesigen Unterschied, ob man zehn oder 50 Kühe zu melken und zu versorgen hat, plus die ganze Organisation und Verwaltung im Nacken. Das frisst Zeit und viel Geld. Natürlich wirft ein größerer Betrieb auch mehr Erträge ab. Mehr Kühe geben mehr Milch. Aber sie fressen auch mehr, sie brauchen mehr Platz, mehr Tierarzt-Behandlungen und so weiter und so fort. Was an der einen Stelle eingenommen wird, wird an der anderen wieder investiert.

Auf diese Weise ernährten meine Eltern und Martin fünf Leute: sich selbst, meine Oma und Siegfried. Aber der Preis war hoch. Sie arbeiteten rund um die Uhr. Arbeitsfalle nennt man das. Meine Familie steckte bis über beide Ohren drin.

Fremd daheim

Wenn ich in dieser Zeit heimkomme, komme ich mir merkwürdig fremd vor. Als gehörte ich nicht mehr richtig dazu. Ich bin der Weltenbummler – Betonung auf Bummler. Ich erzähle von den Orten, an denen ich war und von denen ich vorher noch nicht mal wusste, dass es sie gibt. Ich zeige Fotos, ich erzähle von den Menschen. Besonders meine Oma hört begeistert zu. Ich treffe Freunde von früher, besuche die Verwandten, gehe meiner Familie zur Hand. Ich bemerke ihre Erfolge, aber sehe auch, wie sie rödelt, und mache mir Sorgen. Die schwere körperliche Arbeit hat bei meinen Eltern Spuren hinterlassen. Und Martin? Irgendetwas stimmt mit ihm nicht. Oder bilde ich mir das nur ein? Beim Gehen schwankt er manchmal, als hätte er einen im Tee. Er fängt sich sofort, stützt sich an der Wand ab. Als ich ihn frage, ob alles in Ordnung sei, blafft er mich an: „Wer so hart arbeitet, ist schon mal wacklig auf den Beinen!"

Martin halt. Immer feste druff. Dabei will ich ihn gar nicht angreifen, ich habe nur kein gutes Gefühl. Und ich spüre die unterschwellige Wut. Aus seiner Sicht muss mein Leben der blanke Wahnsinn sein. Wann immer er etwas sagt, wenn wir denn überhaupt mal persönlicher miteinander reden, schwingt der stille Vorwurf mit: Du hast es so leicht in deinem gepamperten, oberflächlichen Glitzerparadies. Ein bisschen Chichi hier und Hulahoop und KüsschenKüsschen da – und dafür bläst man euch Tausende von Euros in den Hintern. Wer braucht denn das?

Ich verstehe es sogar: Ich sehe das Luxuriöse, Schillernde, Schöne in meinem Leben ja auch. Aber ich weiß genauso, was ich für meinen Erfolg tue. Der Druck und die Belastungen, denen ich ausgesetzt bin, sind anderer Natur. Ganz gewiss reicht es nicht, nur mit den Wimpern zu klimpern. Trotzdem stehe ich am Ende des Tages nicht in der Mistrinne im Stall und kann alle paar Wochen die Gummistiefel wegschmeißen, weil die Kuhscheiße jeden Schuh killt.

Am Ende des Tages kann ich von dem, was ich verdiene, Geld auf die Seite legen. Und ich habe eine andere Perspektive: Die Welt steht mir offen. Es ist noch Luft nach oben.

Hauptsache hoch hinaus!

Im November 2008 wird es höchste Zeit weiterzuziehen. Seit sieben Jahren bin ich in Hamburg. Um als Fotograf voranzukommen, muss ich Auslandserfahrung sammeln. Nur – wo? Paris reizt mich sehr: ein Mekka für Modebegeisterte. Für Mailand gilt das Gleiche, aber da ich weder Französisch noch Italienisch spreche, wird der Radius kleiner. London interessiert mich ebenfalls. Mal wieder kann ich mich nicht entscheiden. Wie so oft in meinem Leben mischt schließlich der Zufall mit. Oder das Schicksal. Oder das Leben meint es einfach gut mit mir. Einem Fotografen und seiner Frau, einer Stylistin, denen ich gerade in Hamburg assistiert habe, erzähle ich von meiner Situation. Dass ich nicht mehr zufrieden sei, dass ich mich verändern wolle. Sie wiederum wollen drei Monate in Costa Rica leben, ihre New Yorker Wohnung steht in dieser Zeit leer.

Sie fragt: „Gerd ... Willst du nicht?"

Und ob ich will!

Und nun durchbricht der Flieger die Wolkendecke. Ein paar Minuten noch, dann landen wir in New York. Die Skyline ist atemberaubend, in der Tiefe des Häusermeers mit seinen Straßenschluchten sehen die Autos und Menschen von oben betrachtet wie Ameisen aus. Winzig klein. Immer in Bewegung.

Ab jetzt werde ich Teil der Modewelt und der Modefotografie sein. Mehr noch: Ich bin im Herzen angekommen, mittendrin in dieser pulsierenden Stadt mit ihren Wolkenkratzern, den Bars, der Hektik und Schnelllebigkeit, mit dieser unglaublichen, wunderbaren Lebendigkeit und dem so eigenen Licht.

In den Hochglanzfassaden wird die Szenerie mehrfach gebrochen, das ganze Spektakel dieser Metropole in allen Facetten. Dazu das Rauschen des Verkehrs, das Hupen der Autos, der Sound von Tausenden von Stimmen im Hintergrund. Ich bin in New York!

Wie damals in Neuseeland bin ich in einem Eldorado für Fotografen gelandet, im Speziellen: im Eldorado für Modefotografen. Nach New York wollen alle, die in der Modebranche etwas zu sagen haben oder etwas erreichen wollen. Hier sind die Neugierigen, die Ehrgeizigen, die Handlanger und Mitläufer, die Kreativen, die Experimentellen, die Freigeister, die mehr oder weniger leicht Verrückten. Die, die etwas ausprobieren wollen.

Auch ich probiere weiterhin aus: Durch meine Arbeit bin ich mit David Bergmann, einem Hairstylisten, gut befreundet. Der sagt mir auf den Kopf zu: „Deine lange blonde Mähne ist langweilig!“ Dass alle anderen mich darum beneiden? Egal! Er verpasst mir den ersten Undercut meines Lebens, der wird immer kürzer, irgendwann sieht meine Frisur aus wie „Hitlerjugend trifft Techno“, im Nacken sehr kurz, mit längerem Deckhaar, streng zur Seite gescheitelt, platinblond. Wie schon in Hamburg gilt auch hier: Man sieht mir von Weitem an, dass ich mit Mode zu tun habe.

Zumal ich als passionierter Kleidungs-Resteverwerter weiterhin zu Hochform auflaufe und mich großartig dabei fühle. Da ist es nur folgerichtig, dass ich in New York anfange zu stricken. In einem Schaufenster habe ich eine Mütze entdeckt. Die will ich haben. Aber sie soll 250 Dollar kosten.

„Also, Leute, ne!", denke ich, „250 Dollar für eine einfach gestrickte Mütze? Das kriege ich selber hin."

Ich tigere los, kaufe Nadeln und Wolle, schaue mir Tutorials auf Youtube an – los geht's.

So habe ich gelernt, wie man strickt. Schon bald wage ich mich an Pullover ran. Irgendwelche Wollreste treibe ich immer auf, die ganzen angefangenen Knäuel verarbeite ich stur zu Ende, eines nach dem anderen, dadurch entstehen die Ringel-Muster im Material-Mix wie von allein. Und auch Fehler, die man beim Stricken regelmäßig wiederholt, ergeben eben ein Muster.

Wie in Hamburg die T-Shirts werden in New York meine Pullover eine Art Markenzeichen: „Der Gerd, das ist doch der Deutsche mit den originellen Pullis!"

Oft wird das der Anfang von Gesprächen, die zum Teil wiederum der Beginn von Freundschaften werden. Oder von neuen Ideen. Etwa, als ich auf der Art Basel in Miami einen meiner selbst gestrickten Pullover trage.

„Wow, das sieht ja cool aus!", sagt ein Typ, der sich als Redakteur beim *Visionaire* vorstellt. „Wo hast du das denn her?"

„Selbst gemacht", sage ich und schaue an mir runter, um noch mal kurz zu checken, welchen meiner vielen Pullis ich denn heute anhabe. Ach, ja – *den:* Es ist ein Modell, das ich aus extrem dünner Wolle gestrickt habe. Die Maschen sind entsprechend fein und durchsichtig. Das T-Shirt, das ich darunter trage, scheint durch. Es ist von einem New Yorker Künstler. Man sieht das Porträt von Anna Wintour, das er darauf gedruckt hat. Schaut wirklich gut aus! Ich muss grinsen, der Redakteur sieht mich abwartend an.

„Billig wird das aber nicht."

„Was willst du denn dafür haben?"

„Na ja, das Material, die Arbeitszeit – 400 Dollar schon."

„Okay." Ihm ist das zu teuer. Das sehe ich ihm sofort an. Eigentlich könnte ich ihm einen solchen Pulli auch stricken und einfach schenken. Immerhin arbeitet er für *Visionaire,* eines der tollsten Mode- und Kunstmagazine, das ich kenne. Wer weiß, was sich daraus ergeben könnte? Fotoaufträge?

Ich bin aber zu langsam oder habe vielleicht instinktiv einfach keine Lust auf diese Art des Connectens.

Ein paar Stunden später spricht er mich wieder an: „Dieser Pulli ist wirklich brillant! Ich kann kaum glauben, dass du den selbst gemacht hast. Was hältst du davon, wenn ich der Redaktion eine *Visionaire*-Kollektion mit deinen Modellen und den entsprechenden T-Shirts dazu vorschlage? Wir könnten was darüber schreiben und dich auf diese Weise promoten?"

„Super, das wäre ja eine tolle Sache!" Meine Antwort kommt prompt. Es schmeichelt mir und ich finde die Idee wirklich gut. Wieder zurück in New York nehme ich Kontakt zu einer Strickerei auf, lasse mich beraten, was eine Produktion kosten würde und wie ich so kalkulieren kann, dass es sich für alle lohnt. Schlussendlich ist nichts daraus geworden. Trotzdem ist diese kleine Episode ein Beispiel für die Inspiration, die in New York in der Luft liegt. Ich war wirklich im Land und in der Stadt der unbegrenzten Möglichkeiten angekommen.

Wilde Großstadt

Meine erste Fotoproduktion fand im Central Park statt. Im Nordteil gibt es ein kleines Waldstück, das vollkommen vergessen lässt, dass man sich mitten in New York befindet, ausgerechnet hier habe ich die ersten Waschbären meines Lebens gesehen, riesige, fette Tiere.

Eine Redakteurin des *LX-Magazine* hatte mich gebucht, um folgende Idee umzusetzen: „fashion meets gang meets fantasy“. Es sollten um die 15 Seiten produziert werden, für ein Magazin ist das ungewöhnlich viel. Bis spät in die Nacht waren wir unterwegs und probierten alles Mögliche aus: Bewegungsunschärfen, Blendeeffekte, starke Kontraste. Das ist das Schöne an der redaktionellen Arbeit. Es spielt in erster Linie eine Rolle, dass man ein Lebensgefühl wiedergibt. Wir fotografierten die drei Modelle im Glam-Rock/Gothic-Look dann auch noch an der Upper East Side.

New York hat so viele Stadtteile, die für ein bestimmtes Lebensgefühl stehen. Ich wollte unbedingt an der Lower East Side leben. Dort war alles kunterbunt. Feuerleitern krabbelten die Ziegelmauern hoch. An den Wänden Graffitis, überall waren Kneipen, Bars und kleine Shops. Alle Kreativen fingen hier klein an, alle waren arm. Dieses Bild hatte ich zumindest im Kopf – genau die Bilder, die man von New York kennt. Ein kollektiver Traum. Saßen im Starbucks um mich herum lauter Leute mit Laptops, waren das in meiner Vorstellung alles Schriftsteller!

Das wollte ich haben. Da wollte ich hin. Als die drei Monate in der Wohnung meiner Bekannten vorbei waren und ich in Deutschland ein Arbeitsvisum beantragt hatte, zog ich voller Tatendrang zurück nach New York und in eine WG an die Lower East Side.

Eigentlich habe ich kein Problem damit, in billigen, dreckigen Wohnungen zu wohnen. Trotzdem: Sechs Wochen hielt ich es aus, dann wurde es doch zu heftig. Das Zimmer, ein Kellerloch, kostete 800 Dollar. Das Problem: Weil ich in diesem Rattennest nicht kochen wollte, ging ich jeden Abend irgendwo anders Essen und gab noch mehr Geld aus. Als ich meinen Mitbewohnern anbot, das Bad zu putzen, wenn sie nur alles rausnehmen würden, was ihnen gehörte, war selbst das ihnen zu viel Aufwand. Es war ohnehin nicht mehr klar, wem was gehörte: Die verschiedenen Bewohner der letzten fünf Jahre schienen beim Auszug einfach alles immer zurückgelassen zu haben. Anders ließ sich die Ansammlung an alten Zahnbürsten nicht erklären. Über kurz oder lang musste ich mir eine andere Bleibe suchen.

Also antwortete ich auf eine Annonce, wie man das halt so macht. Ich sei, schrieb ich, ein ordentlicher Mensch, würde gerne kochen und hinterher auch gerne wieder aufräumen. Nur leider habe ich statt „I like to cook" geschrieben: „I like to cock." Was Schwanz heißt. Das las sich dann in etwa so: „I like to cock, but I clean up afterwards" ... Daraufhin kam eine sehr nette E-Mail: „Wir anderen mögen Schwänze auch sehr gerne. Und wie nett, dass du danach sauber machst."

Großes Gelächter, auch wenn ich das Zimmer nicht kriegte. Übergangsweise kam ich bei einem Freund unter und fand schließlich im tiefsten Harlem, in der 156. Straße, ein Zimmer. Als Weißer fing ich mir blöde Sprüche ein: „Hey! What's up, milkface. Hast du dich verirrt?" oder „Hau ab, Milchgesicht!" Das wurde mein Spitzname.

Wieder hielt ich es ein paar Wochen aus, dann suchte ich mir endlich eine Wohnung in einer Gegend, in der ich wirklich bleiben wollte. In Greenpoint, dem nördlichsten Stadtteil von Brooklyn, wurde ich fündig. Das Viertel ist richtig cool, war damals schon angesagt und entsprechend teuer. 3.800 Dollar zahlte ich im Monat, das konnte ich mir nur leisten, weil ich so lange wie möglich ein Zimmer über Airbnb vermietete und später einen festen Untermieter reinnahm.

Jeden Abend kam ich nun gerne nach Hause. Die Wohnung war der Wahnsinn, 80 Quadratmeter, mit Pool, Gym und einer Dachterrasse mit Blick auf Manhattan. Mein Heimweg führte am East River entlang. Zwischen den Blocks blitzte im Hintergrund die Skyline von Manhatten auf. Bestimmte Ecken und Orte, die ich aus Filmen kenne, sah ich nun jeden Tag mit eigenen Augen. Das allein war schon berauschend genug, dazu kam: Im Herbst, wenn die Sonne tief stand, schien sie zu einer bestimmten Stunde direkt durch die 42. Straße, am Times Square vorbei. Sie stand dann genau in der Straßenflucht. Vom Dach meiner Wohnung aus konnte ich beobachten, wie sie zwischen den Hochhäusern unterging.

In dieser Wohnung blieb ich, bis ich nach Deutschland zurückkehrte.

New York, New York

Drei Jahre blieb ich in New York. Hier war ich der Assistent, der auch fotografierte. In Deutschland der Fotograf, der in New York lebte – mit entsprechenden Aufträgen. Es war ein Image-Spiel, mit dem Schwerpunkt mal mehr in die eine, mal mehr in die andere Richtung. Außerdem verkaufte ich Produkte der Hamburger Firma Briese Lichttechnik, gab Schulungen und

Seminare und beriet Kunden. Auf diese Weise lernte ich immer mehr Leute kennen, tauchte immer tiefer in die Szene ein: Ich assistierte, fotografierte, war auf Partys.

Wenn man, so wie ich damals, neu in der Szene ist, kommt man in die Clubs nur rein, wenn sogenannte Promoter einem Zutritt verschaffen. Das sind Leute, die von Clubs angeheuert werden, damit sie eine entsprechende Zielgruppe zu den jeweiligen Partys bringen. Es gibt Gay-Party-Promoter, es gibt Promoter, die schöne Frauen zu den Partys locken sollen und deshalb Models über deren Agenturen gezielt ansprechen – ein Geschäftsmodell, das die Ausmaße eines Escort-Services annehmen kann: Die Banker bekommen die hübschesten Mädchen zugeführt. Manches Model, das für eine Produktion nur ein paar Tage in der Stadt ist, sich nicht auskennt und nicht weiß, was sie abends machen soll, hat sich auf diese Weise schon einen Millionär geangelt. Natürlich haben die Einladungen nichts mit Nächstenliebe oder Herzlichkeit zu tun, es ist, wie so oft, ein Geschäft.

Und trotzdem waren die Promoter für mich die Eintrittskarte in die Welt der VIP-Partys. Dort traf ich Menschen, die man sonst nur aus Film und Fernsehen kennt. Ich erinnere mich, wie ich in eine kleine, sehr nette Kellerbar ging, mir platinblonde Haare aus dem Dämmerlicht entgegenleuchteten und ich dachte: „Die kenne ich doch?" Saß da die Schauspielerin Kirsten Dunst und trank ihren Cocktail und rauchte ihre Zigarette, genau wie ich. Ein anderes Mal war ich in der Bar im obersten Stock des frisch eröffneten 25hours-Hotels eingeladen und ergatterte einen Platz mit Blick über den Hudson. Das allein war schon umwerfend. Doch dann setzte sich auch noch Lady Gaga ans Klavier und trällerte ein Liedchen.

Wie kann ich dieses unglaubliche Gefühl beschreiben? Ich fand schnell Anschluss, war auf Partys, auf denen Promis auftauchten, schaute mir selbst oft staunend über die Schulter: Das bist wirklich du, der da mitten in dieser Truppe unvoreingenommener bunter Leute durch diese Stadt zieht. Transsexuelle, Homosexuelle, Heterosexuelle, Menschen aller Hautfarben und aus aller Herren Länder begegneten sich mit großer Offenheit und liebten und lebten das Leben.

Natürlich färbte etwas vom Ruhm und der Prominenz der Celebrities, die einfach nur einen normalen Abend verbringen wollten, auf alle anderen ab. Jeder, der bei solchen Partys mit dabei war, war etwas Besonderes. Zumindest dachte das jeder von jedem. Sonst wäre man ja schließlich nicht dabei, oder? In New York fällst du praktisch auf Schritt und Tritt in die Bars und Clubs rein und lernst jemanden kennen. Und wenn du erst mal einen Fuß in der Tür hast, wirst du auch immer weiter eingeladen – zum Beispiel zu einer Bootsparty mit DJ. Und dann segelst du einmal um Manhattan herum, an der Freiheitsstatue vorbei.

Die Stimmung ist gut, die Musik ist gut, die Getränke sind gut. Alles, was in New York gemacht wird, ist gut: liebevoll und auf den Punkt. Oder vielleicht fühlte es sich auch nur so an, weil es eben in New York passierte?

Es war ein Lebensgefühl, das ansteckte. Nicht nur mich. Als Dominik, der Sohn einer Freundin aus Rüsselhausen, mich in New York besuchte, nahm ich ihn mit zu einer Gay-Party. Auf dem Dach eines Wolkenkratzers war ein Zelt aufgebaut, das wie ein Zirkus eingerichtet war. Wir fielen im 21. Stock aus dem Aufzug und landeten in einer anderen Welt: Stelzenläufer kamen uns entgegen, Gewichtheber in Ringel-Shirts und Jongleure mischten sich unters Publikum. Es war eine Superstimmung. Weil seine Freundin nicht mit in die Staaten gekommen war, hatte Dominik einen Kumpel mitgebracht. Ich musste ziemlich schnell wieder verschwinden, aber die Jungs mischten sich unter das Partyvolk. Ich dachte damals: „Das klappt nie! Die kommen vom Dorf, das sind die typischen angehenden Handwerker, denen ist das sicher total peinlich, wenn Homosexuelle, Transsexuelle und Dragqueens, wenn dieses ganze verrückte Volk um sie rumtanzt."

Wie man sich irren kann! Die beiden blieben bis zum Schluss, sie feierten, bis sie mit den letzten Gästen rausgekehrt wurden. Und waren begeistert. Von der Fähigkeit, so rauschend zu feiern. Von der Offenheit der Leute. Dass sie selbst genauso unvoreingenommen waren, ist ihnen offenbar gar nicht aufgefallen.

Noch heute spricht Dominik mich in Rüsselhausen darauf an: „Das war die beste Party überhaupt!" oder „Ich hatte den Spaß meines Lebens!"

In Deutschland war das alles ganz anders. Wo dort geflissentlich weggeschaut wurde, wenn irgendwer aus der Reihe tanzte und etwas Unbekanntes ausprobierte, bekam man in New York einen Kommentar zugerufen. Meistens einen positiven.

Passanten schauten sich in die Augen, sie kommunizierten miteinander. Vielleicht hatte man gerade einen guten Job, eine gute Ausstrahlung, dann quatschten sie einen an.

Mir entsprach dieses Leben sehr. Mir gefiel das Unbekümmerte. Weltläufige.

Immer öfter passierte es, dass ich Leute, die ich von irgendwoher kannte, zufällig auf der Straße wiedersah. „Hey? Na?

Wie geht's?“ Schon wechselte man ein paar Sätze, vielleicht ging man auch noch einen Absacker trinken. Diese nicht verabredeten Treffen fand ich großartig. Sie zeigten mir: Ich kenne inzwischen Leute. Ich bin in dieser Stadt zu Hause. Ich bin Teil von ihr.

Ich kam am Ende der zweiten Bush-Ära nach Amerika. Die Freiheit, das Unkonventionelle waren zu der Zeit schon lange zurückgedrängt worden. Die Menschen wollten endlich wieder etwas anderes. Als Obama 2009 Präsident wurde, wurde das möglich. Obwohl die Folgen des Börsencrashs 2008 allgegenwärtig waren. Und ich war live dabei. Im Grunde war diese Zeit ein dauernder Abgleich meiner Träume mit der Wirklichkeit. Und was soll ich sagen: Die Wirklichkeit hat meine Wünsche oft genug überholt und übertroffen. Ich konnte nur glücklich sein!

Andere Länder, andere Sitten

Was Männer betrifft, ist New York ein Candy Store. Logisch, dass ich dort auch datete.

Bei einer Party kreuzte ein junger Mann meinen Weg. „Was für ein smarter Typ“, dachte ich. „Ein Mann wie aus dem Bilderbuch.“

Wir verabredeten uns ein paarmal, er lud mich zu sich nach Hause ein, damit ich seine Freunde kennenlernte. Ich merkte: Da sitzt jede Menge Geld. Das Aussehen ist allen unfassbar wichtig. Einer erzählte mir gleich ungefragt, dass er in einem riesigen Appartement wohne, in einem 300-Quadratmeter-Loft.

Ein paar Tage später gingen Mister Bilderbuch und ich in ein fancy Restaurant, er steckte sich den ersten Bissen in den Mund, ich beugte mich zu ihm rüber, küsste ihn auf den Mund und sagte: „Guten Appetit!“

Er schaute komisch und sagte den ganzen Abend kaum ein Wort mehr. Am nächsten Tag bekam ich eine Nachricht: „Sorry! So kann ich das nicht. Ich glaube, es ist besser, wenn wir uns nicht mehr sehen.“

Anscheinend war ihm dieser eine Kuss schon zu viel.

Fremde Länder, fremde Sitten, dachte ich. Und jetzt? Aufgeben galt nicht, die Welt war voll anderer schöner Männer. Einen davon sah ich auf der Straße, wo er Unterschriften für Greenpeace sammelte. Ich schlenderte an ihm vorbei: „Meine Güte, was für ein heißer Typ!“ Auf dem Rückweg sprach er mich an und wollte eine Unterschrift von mir. Und weil er so süß war, sagte ich mir: Warum nicht? Greenpeace – dahinter kann ich stehen, das kann ich schon machen.

„Okay, ich unterschreibe“, sagte ich laut. Er hielt mir die Liste unter die Nase, drückte mir einen Stift in die Hand. „Aber nur, wenn ich dafür deine Nummer kriege.“

Er lachte, wir trafen uns, und während wir in einem Restaurant am Tisch saßen und redeten, legte er unter dem Tisch seine Hand auf mein Knie, streichelte mich kurz, drückte sein Knie gegen meins, immer in Kontakt. Zum Abschied küsste ich ihn in der U-Bahn – und ging damit wieder zu weit. Unterm Tisch? Okay. Aber sich in der Öffentlichkeit küssen? Das ging offensichtlich gar nicht. Und sowieso: Beim ersten Date küsst man sich nicht. Wenn du dich aber beim dritten Date noch nicht geküsst hast, wird aus der ganzen Sache nichts. Dann wird es kein viertes Date mehr geben.

LOVE
IS
THE
ANSWER

Ich dachte bis dahin, so etwas gibt es nur in schlechten Highschool-Filmen. Aber weit gefehlt. Ich hatte von den Dating-Regeln keine Ahnung.

Und auch das war für mich eine neue Erkenntnis: So sehr die amerikanische Kultur der unseren äußerlich ähnelt – wir sehen die gleichen Filme, tragen die gleiche Mode – so grundverschieden ist sie doch. Wie wir Dinge aufnehmen, wie wir miteinander umgehen, was wir uns trauen. Die feinen Nuancen des Zusammenlebens sind in den USA ganz anders. Wenn es einem zum Beispiel schlecht geht, erzählt man das nicht seinen Freunden. Dafür geht man zum Therapeuten. Das ist gut für die Therapeuten, tat mir aber doch leid für die Amerikaner, die ich kennengelernt hatte. Ich hätte ihnen Freundschaften gewünscht, in denen sie ehrlich miteinander hätten sein können. Denn für mich reduzierte es eine Beziehung, wenn ich mich diesbezüglich zurückhalten musste. Eigentlich aber ist das nur mein Problem, weil ich, bestimmt auch kulturell bedingt, Freundschaft eben so sehe. Wird Freundschaft in einer Kultur aber anders definiert, kann die Beziehung als gut und ehrlich empfunden werden, obwohl man sich darin dem anderen weniger anvertraut. Diese Unterschiede trafen mich aber völlig unerwartet.

„Klar", sagte ich mir, „es ist ein anderes Land. Es sind andere Menschen." Trotzdem. Das musste ich erst begreifen und die neuen Spielregeln lernen.

Weiter auf dem Weg nach oben

New York: Ich wohne, ich lebe, ich arbeite, ich genieße. Weil ich vor Ort bin, betreue ich deutsche Produktionen. Ich kenne mich aus, kenne ein paar coole Ecken, meine Nachbarschaft Ich spüre mein Potenzial und koste es voll aus. Das geht nur in New York so gut. Wenn du hier einen guten Tag hast, ist er noch ein bisschen besser als ein guter Tag anderswo.

Ich greife zu, wenn sich etwas Interessantes bietet. Kann sein, dass ein gewisser Mut dazu gehörte, sicherlich brauchte es eine Art Unerschrockenheit und Unverfrorenheit. Jedenfalls traute ich mich fast immer fast alles. Anders ist es nicht zu erklären, dass ich ein paar Monate nach meiner Ankunft zusagte, Briese Lichttechnik in einem Rechtsstreit zu unterstützen. Dabei ging es um Patente, an denen sich eine amerikanische Firma bedient hatte. Es standen Lizenzforderungen in schwindelerregender Höhe im Raum. Ich sollte Briese in Hamburg auf dem Laufenden halten. Ich erledigte die Korrespondenz, traf mich mit den Anwälten vor Ort und sollte original Briese-Teile von Fakes unterscheiden.

Wenn ich zu Besprechungen ins unfassbar edle Büro der Anwaltskanzlei zitiert wurde, wurden riesige Büfetts aufgefahren. Alles nur für mich. „Hä? Wer soll das denn essen?", fragte ich mich. Also machte sich die gesamte Belegschaft der Kanzlei über die Croissants und Schnittchen her.

Es war ein wöchentliches Spektakel. Die Arbeit für Briese war zudem eine gute Gelegenheit, zu netzwerken. Man kannte sich. Und ich mochte das. Ich mochte es, Leute wieder zu treffen, im Studio zu begrüßen, ein bisschen Small Talk zu machen, an der Kaffeebar nicht allein rumzustehen.

Hinzu kamen Produktionen, die mich nachhaltig beeindruckten. Eine dauerte gerade mal zwei Tage, toppte an Aufwand aber alles, was ich bisher erlebt hatte. Es waren bestimmt 60 Leute beschäftigt. Die Protagonistinnen: Beyoncé Knowles und ihrer Mutter Tina. Mitzubekommen, mit welcher Intensität und Professionalität die beiden zusammenarbeiteten, war faszinierend. Am Abend wurde auf dem Dach noch schnell ein Musikvideo gedreht und dabei habe ich noch etwas gelernt, was ich so bislang nicht kannte: Das ganze Umfeld von Beyoncé war afroamerikanisch. Dazu muss man wissen, dass in Amerika Filme manchmal doppelt gedreht werden. Die identische Geschichte, genau der gleiche Inhalt, wird einmal mit weißen, einmal mit schwarzen Darstellern produziert. Das hat mich vollkommen verblüfft, aber Beyoncé hat das genauso gemacht – zwei Versionen des gleichen Videos.

Showbusiness Mode

In der Mode geben die Modenschauen den Rhythmus vor. Paris, Mailand, London und natürlich auch New York. Verschiedene Designer zeigen ihre Kollektionen. In New York waren es die wirtschaftlich erfolgreichen Labels wie Ralph Lauren, Tommy Hilfiger oder Vera Wang genauso wie angesagte Newcomer-Designer. Zu der Zeit waren das der belgische Modedesigner Raf Simons, sein Landsmann Dries van Noten oder der in Kolumbien geborene französische Designer Haider Ackermann. In New York wird eher kommerzielle Mode gezeigt.

Das Publikum: internationale Presse, Vertreter und Vertreterinnen der weltweit berühmtesten und wichtigsten Mode- und

Frauenmagazine, Blogger und Influencer, Models, Stars und Sternchen aus dem Showbusiness, aus Film, Fernsehen, Theater und der Musikszene. Hier sind sie wirklich alle, die A- bis F-Promis. Sie sind die Profis unter den Besuchern, man erkennt sie an ihren extravaganten Outfits, die sie im wahrsten Sinne des Wortes zur Schau stellen. Hinzu kommen die ganzen Einkäufer sämtlicher Kaufhäuser aus den USA sowie Modehändler aus der ganzen Welt.

Auf der Fashion Week zeigt sich, wer die Trends für die neuen Saisons setzt. Und zwar überall in der Stadt: Die Hauptshows finden in einem eigens dafür aufgebauten Zelt im Bryant Park statt, ziemlich genau in der Mitte zwischen Rockefeller Center und Times Square. Für Insider hieß der Ort einfach nur „tent", das Zelt. Aber auch Galerien, Lagerhallen und andere Szeneschuppen von Manhatten werden bespielt. Hunderttausende reisen dafür an. Die Stadt kocht.

Der Aufwand, der betrieben wird, ist gigantisch. Der Fantasie und Kreativität sind keine Grenzen gesetzt. Die Präsentation der Kollektionen ist eine eigene Kunst der Inszenierung, für die sich die Labels genauso überschlagen wie für ihre Mode. Mal gibt es die große Eiffelturm-Kulisse für Mode aus Frankreich, mal wird der Marktplatz eines Dorfes bis ins kleinste Detail nachgestellt. Dann flattert Wäsche im Wind, Blumenkästen hängen vor den Fenstern der Fachwerkfassaden, auf der Regenrinne ist ein Vogel drapiert: heitere Kulisse, heile Welt für neue Mode.

Apropos heile Welt: Mode ist das Spiel mit Schein und Sein. Mode setzt Ideale. Mode macht Wirklichkeit. Mode transportiert Inhalte. Das gilt in beide Richtungen: Manche Regeln halten sich hartnäckig, zum Beispiel dieser radikale Schlankheitswahn, dieser Schönheitsterror, der Models über den Laufsteg schickt, die sich auf Haut und Knochen runtergehungert haben. Andererseits bildet Mode auch Entwicklungen ab. Mode ist dynamisch. Mode muss sich ständig überdenken und neu erfinden. Mode ist eine Verwandlungsmaschinerie. In der Mode werden Veränderungen sichtbar gemacht. Dabei geht es nicht nur um Fragen des Geschmacks und des Stils, mithin um Ästhetik. An der Mode ist auch der gesellschaftliche Wandel ablesbar, beispielsweise anhand von Geschlechterstereotypen und Rollenzuweisungen.

Mal werden Klischees bedient, mal werden sie hinterfragt und langfristig über Bord geworfen. Die Konsequenz: Man kriegt über Mode mit, was die Gesellschaft gerade beschäftigt. Dass Männer sich immer femininer kleiden und also auch geben und Frauen maskuliner, ist heute schon ein alter Hut.

Jüngstes Beispiel für die Verbindung von Mode und Gesellschaft ist der Skandal um die Victoria's Secret Show. Es hagelte von allen Seiten Kritik, weil die Macher angeblich den Zeitgeist verpasst haben. Dass für eine Show keine Transgender-Models gecastet werden, geht heute offensichtlich nicht mehr. Das nimmt die jüngere Generation, allen voran die Twitter-Community, nicht unwidersprochen hin – und das offenbar so laut und so vernehmlich, dass die Verantwortlichen reagieren müssen. All das kann und ist Mode.

Vor allem aber ist Mode ein Riesengeschäft. Die New York Fashion Week ist dafür nur eine Bühne unter anderen. Alles, was man angeblich haben muss, wird hier präsentiert. Angefangen hat es mit zwei Kollektionen, mit einer Frühjahrs- und einer

Herbstkollektion. Dass zwischen den beiden Hauptterminen aber immer mehr Kollektionen (sogenannte Pre-Kollektionen: „Pre Fall" oder „Cruise Collection") produziert und gezeigt werden, liegt nicht an der überbordenden Fantasie der Designer – es liegt am wirtschaftlichen Aspekt. Immer noch und noch mehr Kollektionen wecken immer noch und noch mehr Begehrlichkeiten, um damit den Konsum anzukurbeln. Das ist ein Riesenproblem. Wer nicht mitspielt, wer als Designerin oder Designer dieser Überproduktion Einhalt gebieten will, wird kurzerhand ersetzt. Es ist genau diese Art von Beschleunigung und Profitgier, die mir zunehmend zusetzen wird.

Wer trägt Prada?

Trotzdem. Die Fashion Weeks sind ein Ereignis. Mal elegant, mal pur, mal exaltiert. Ist das Motto im einen Jahr „zurück zur Natur", sind die Kollektionen Ton in Ton gehalten, gern in Beige, die Schnitte sind schlicht. Im nächsten Jahr wird kunterbunt und ausladend übereinandergeschichtet. Ein Trend löst den nächsten ab. Das Motto: Kaufe, dann geht es dir besser, dann bist du schöner, dann bist du glücklicher.

Das mag ja auch stimmen. Aber kaufe jede Saison? Folge jedem Trend?

2009 muss es gewesen sein, da saß ich in Big Apple zur Eröffnung der Frühjahrs-Fashion Week. Für ein deutsches Modemagazin sollte ich Fotos schießen, O-Töne und Atmo sammeln. Mein Platz war super, in der dritten Reihe, freier Blick auf den Laufsteg – fast frei. Immer wieder schob sich ein Pagenkopf in mein Blickfeld. Ich konnte mich gerade noch beherrschen, die Dame zwei Reihen vor mir anzustupsen und sie zu bitten, einfach mal still sitzen zu bleiben. Zum Glück folgte ich dem alten Rat eines Fotografen: „Gerd“, hatte der gesagt, „manchmal wäre es einfach besser, du würdest die Klappe halten.“ Wie recht er hatte! Denn als Pagenkopf sich zur Seite drehte, um mit der Sitznachbarin zu tuscheln, erkannte ich sie: Anna Wintour, Chefredakteurin der amerikanischen *Vogue,* eine wandelnde Stil-Ikone, Grande Dame und die wohl mächtigste Frau in der Modebranche. Spätestens seit dem Film *Der Teufel trägt Prada* kennt sie auch der letzte Hinterwäldler – sie, ihre Frisur, ihren Schmuck, ihre Sonnenbrille. Ihre Accessoires sind so legendär wie ihre knallharte Art. Meryl Streep hat für ihre Darstellung damals den Oscar gewonnen, Wintour selbst hat sich den Film mit ihrer Tochter angeschaut und sich wohl prächtig amüsiert. Inszenierung ist eben alles. Ich bin sicher: Sie ist ausgesprochen gut in ihrem Job. Von nichts kommt nichts. Wenn sie deine Arbeit schätzt, bekommst du sicher jede Unterstützung, die du brauchst.

Und nun saß sie also in Reichweite, nur ein paar Meter von mir weg. Wenn mir das jemand vor ein paar Jahren prophezeit hätte – ich hätte einen Vogel gezeigt.

Für mich ist Anna Wintour faszinierend, denn sie ist ein Urgestein in der Branche. Ihr scheint die Schnelllebigkeit und der Hunger nach immer neuen Gesichtern nichts anhaben zu können. Verglichen mit ihr war ich nur ein kurzer Zaungast des Geschehens. Und Mann, war ich oft unbedarft.

2008, ein Jahr vor meiner Begegnung mit Anna Wintour, sollte ich Streetstyle-Fotos für ein Magazin machen. Streetstyle war damals das Wort der Stunde. Und während der Fashion Week war die Stadt noch überladener mit extravaganten und stilbewusst gekleideten Menschen.

Die Redakteurin und ich standen am Bryantpark rum und sprachen allerhand Leute an, ob wir sie ablichten könnten. Wenn sie zustimmten, machten wir an Ort und Stelle ein Bild und schrieben auf, was die entsprechenden Personen getragen hatten, von welchen Labels und Designern. Auf der anderen Straßenseite entdeckten wir zwei Frauen und waren uns sofort einig, dass wir von einer der beiden unbedingt ein Bild brauchten. Ich kann mich nur noch erinnern, dass sie einen kompletten Jeans-Look trug. Wir sprachen sie an und bekamen das O. K., sie zu fotografieren. Also schnappte ich ihre Hand, positionierte sie vor einem schönen Hintergrund und betrieb den üblichen Small Talk. Als ich sie fragte, woher sie komme, schaute sie mich verdutzt an. Ich wunderte mich kurz und machte weiter. Während ich die Fotos schoss, hörte ich im Hintergrund, wie die Redakteurin die andere Frau fragte, ob sie ihr schon mal den Namen ihrer Freundin verraten könnte. „Her name is Róisín Murphy“, antwortete die.

Die Redakteurin erwiderte: „Who?“ und das Ganze wiederholte sich noch zweimal, bis die Freundin von Róisín sich leicht genervt einen Notizzettel schnappte und den Namen aufschrieb.

In meinen Ohren klingelte es da schon. Wie hatte ich das übersehen können?

Ich war schon auf drei ihrer Konzerte gewesen. Noch heute muss ich mit der Redakteurin über unsere Naivität lachen. Sicher hätte es für diesen Job eine Besetzung gegeben, die sich besser mit der Branche auskannte.

Für mich war es ein erstes Anzeichen, dass mir das Ganze vielleicht doch nicht so wichtig war, wie ich immer geglaubt hatte.

Zwischen den Welten

Im Rückblick frage ich mich manchmal: War mir meine Herkunft eigentlich peinlich? Habe ich heimlich an mir geschnuppert, ob da noch Stallgeruch an mir klebt, und zwar durchaus auch im übertragenen Sinne? Habe ich einen kurzen Blick auf meine Hände geworfen und mich gefragt, ob die anderen sich gerade überlegen, aus welchem – sorry! – Stall der Gerd wohl kommt? Ich meine, ich mache das umgekehrt natürlich nicht: Ich schaue anderen Leuten ganz gewiss nicht auf die Hände, um Rückschlüsse ziehen zu können, was die Eltern beruflich machen. Aber mir hing das schon ein bisschen an.

Vielleicht, weil die Unterschiede so extrem waren: Die Eleganz und Extravaganz der Modewelt auf der einen Seite, auf der anderen die Abwesenheit all dessen, was wir unter Ästhetik verstehen, und stattdessen ein tief verwurzelter Pragmatismus. Die Schönheit hier, die Bodenständigkeit da: Bloß nicht übertreiben, immer schön auf dem Teppich bleiben, bitte!

Auf den ersten Blick sieht es so aus, als würde mein jetziges Leben im Vergleich schlechter abschneiden und als würde mein Leben als Fotograf gewinnen. Aber das stimmt nicht.

Die Modewelt sieht zwar schicker aus, erweist sich aber bei aller Leidenschaft doch auch als hohl. Was beide Welten verbindet, ist der Wunsch, wirtschaftlich erfolgreich zu sein.

Landwirte, wie ich sie kenne, sind weder ökologisch bewusste Traumtänzer, die am liebsten barfuß durch die Gegend latschen. Sie sind keine sentimentalen Tierfreunde. Die meisten ihrer Kühe kennen sie zwar beim Namen, aber sie köpfen nicht jedes Mal eine Flasche Sekt, wenn ein Kälbchen das Licht der Welt erblickt. Sie sind aber auch keine Tierquäler.

Das ist so falsch wie das Klischee der Modefuzzis, die die Watte, die sie angeblich essen, um als Model dünn genug zu bleiben, automatisch in der Birne haben. Genauso wenig kann man sagen, die Modewelt sei oberflächlicher als andere Branchen, nur weil sie sich mit der Oberfläche beschäftigt.

Dass ich so lange zwischen den Welten hin und her gewandert bin, liegt ganz bestimmt daran: Beide Berufe brauchen eine ganz eigene Art der Kreativität. Mit beiden Berufen kann man etwas bewegen. Und nur durch den Kontrast zwischen den beiden, nur durch die Konfrontation mit diesen Extremen ist mir langfristig überhaupt klar geworden, was ich wirklich will.

Die Hochglanz-Fassade bekommt Risse

Mittlerweile war ich in der Welt der Modefotografie angekommen. Ich hatte für Annie Leibovitz gearbeitet, was dem Ritterschlag gleichkam. Aber wollte ich wirklich weiterhin assistieren? Es störte mich zunehmend, dass in New York um alles ein riesiger Aufwand betrieben wurde. Produktionen wurden unnötig aufgebauscht, was für die Qualität der Bilder gar nicht nötig war. So etwas kannte ich aus Deutschland nicht.

Eine Fotografin beeindruckte mich aber doch noch außerordentlich: Tierney Gearon, für mich eine der wenigen echten Fotokünstlerinnen. Sie arbeitete so, wie ich es mochte: ohne viel Drumherum. Sie war gebucht worden, um im Central Park eine Kampagne für Tory Burch zu fotografieren. Sie schnappte sich ihre Kamera, nahm mich mit, ein paar Aufheller und das Model, und schoss einfach nur Bilder. Es beruhigte und versöhnte mich in dem ganzen brüllenden Business.

A !
STAND UP,

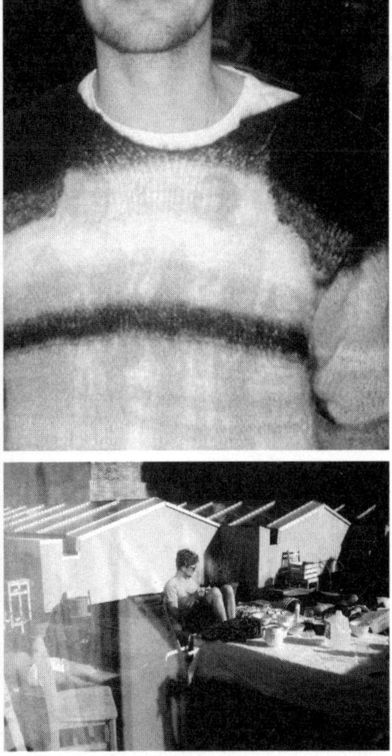

Tierney Gearon fotografierte professionell, aber unprätentiös. Ein bisschen so, wie Freunde fotografieren, wenn sie zusammen Urlaub machen. Du läufst irgendwo entlang, sagst „Ach, guck mal, hier ist's schön. Lass uns mal ein Bild machen", und dann stellt Tierney das Model hin, macht drei, vier Bilder, geht weiter, und am Ende sind es Superergebnisse.

Ich glaube, dass viele verlernt haben, ohne diesen ganzen riesigen Aufwand auszukommen. Der wird ja auch genutzt, um die genauso riesigen Ausgaben zu rechtfertigen. Wenn du, wie eine Annie Leibovitz, am Tag zwischen 20.000 und 40.000 Euro verdienst, kannst du schlecht sagen: „Ich lauf jetzt mal mit meiner Kamera und meinem Model da und da hin, mach zwei Bilder und komm wieder zurück."

Die wenigsten haben ein solches Selbstverständnis und Selbstbewusstsein, dass sie das können. Vor allem junge Fotografen lernen, dass es ohne Aufwand nicht geht. Denen wird gesagt: „Bau da noch eine Lampe auf und dort noch eine Lampe auf" – und sie tun's. Die Lampen kommen gar nicht richtig zum Einsatz, aber sie machen was her. Dann haben alle das Gefühl: „Wow, der ist ja technisch versiert, der hat ja zehn Lampen am Set, das ist ja Wahnsinn, was der uns alles bietet für unser Geld."

Es ist eine Show. Tierney Gearon hatte das nicht nötig. Sie hat bei diesem Spiel nie mitgemacht und trotzdem Kampagnen fotografiert.

Wahrscheinlich sind es diese Erfahrungen, diese Unterschiede, die mich nachdenklich machen. Nach der hundertsten Produktion ist jedenfalls der Lack ab. Ich bin zu dem Zeitpunkt auf dem Boden der Realität angekommen, bin von einigen der großen Produktionen richtig enttäuscht. Dass Testino keine Ahnung von Licht hat ist kein Geheimnis. Für ihn oder einen der anderen Stars zu arbeiten, hätte sich also nur in meinem Lebenslauf gut gemacht: um potenzielle Kunden zu beeindrucken. Aber die wollte ich da schon gar nicht mehr. Nicht mehr mit ganzem Herzen.

Auch sonst springen mir inzwischen die Schattenseiten meines derzeitigen Lebens ins Auge: Am Anfang habe ich das Lebendige von New York geliebt. Ich fand es großartig, die Nacht zum Tage zu machen und nicht zur Ruhe zu kommen – jetzt geht mir die ewige Hektik auf die Nerven. Ich fange an, dieses Houchtourige, Lärmende, Schnelle, Maßlose, diese ganze Verschwendung zu hinterfragen. Muss es wirklich sein, dass man im Winter die Fenster aufreißt, weil man die Heizung nicht runterdrehen kann? Braucht es von allem wirklich so viel?

New York produziert jeden Tag Unmengen Müll. Der Verkehr ist der reinste Irrsinn. Mittlerweile kommt mir das Schillernde der Großstadt und des ganzen Modebusiness eben doch oberflächlich vor: ein Zirkus mit riesigen Egos.

Und dann kann New York schwierig werden. Diese Stadt ist nichts für Zweifler. Sie ist was für Gewinner. In New York möchte man den Status wahren. Es läuft immer alles gut. Es läuft immer alles sehr gut. Es läuft alles nach Plan. Das sind die Spielregeln. Ein New Yorker kennt keinen Schmerz. Wer sich beschwert oder über Probleme spricht, ist sofort ein Weichei. Ein Loser. Wie gesagt: Nicht mal Freunden würde man gestehen: „Ich hatte heute einen richtigen Scheißtag."

Zwischendurch begegnete ich dennoch immer wieder Menschen, die ähnlich zweifelten. Ich erinnere mich besonders an

Kristen McMenamy, ein Model aus den 80er-, 90er-Jahren, die früher einmal berühmt war für ihre unkonventionelle, androgyne Erscheinung. Als wir uns trafen, wurde sie gerade wieder neu entdeckt, zuvor war sie Jahre lang weg vom Fenster. Sie war zwar noch mit einem berühmten Fotografen zusammen, aber sie selbst war nicht mehr gefragt. Kristen erzählte ganz ungezwungen von ihren Kindern und von ihrem Mann Miles Aldrige, sie erzählte auch, was gerade nicht so gut lief. Der Bruch in ihrer Karriere gehörte bestimmt dazu. Gerade im Modeumfeld war eine solche Offenheit außergewöhnlich und für mich wegweisend: Ich erlebte in dem Moment das Business von der anderen Seite. Eher unbewusst wurde wieder eine Weiche gestellt.

Kristen McMenamy kam für einen kurzen Augenblick noch mal als Model zurück, als sie komplett ergraut war. Und immer noch umwerfend schön.

Thema Nachhaltigkeit

Als ich anfing zu assistieren, war es noch eine etwas andere Zeit. Brauchte man etwa eine coole Location, beauftragte man eine Agentur damit. Was das kostete? Egal! Das Team flog weiß Gott wohin, war in Luxushotels untergebracht, auch das Catering auf war bei Produktionen außerhalb vom Feinsten. Im Lauf der Jahre fingen die Leute in meinem Umfeld an, sich mehr und mehr mit dem Thema Nachhaltigkeit auseinanderzusetzen. Nur was sie selbst zu dem Problem beisteuerten, das hinterfragten sie nicht. Meist machten sie andere verantwortlich. Die Landwirtschaft wurde dabei oft zum Feind Nummer eins. Die Leute am

Set unterhielten sich über die aktuellsten Enthüllungsreportagen zum Thema Mais und Milch. Darüber, wie schlimm es um unsere Lebensmittel bestellt und wie furchtbar die Massentierhaltung ist. Nur dass wir unser Geld damit verdienten, überhöhten Konsum und somit Ressourcenverbrauch anzukurbeln, schien niemanden zu stören. Ebenso wenig wie das Einweggeschirr aus Plastik, von dem wir gerade aßen.

Große Plastiksäcke voller Plastikgeschirr und Plastikbesteck landeten nach den Shootings auf dem Müll.

Was ich zunächst unter großer Freiheit und Was-kostet-die-Welt verbucht hatte, begann, mich zu belasten.

Immer mehr stellte ich mir die Frage nach dem Sinn und Zweck dessen, was ich da tat, nach der Verhältnismäßigkeit dieses ganzen Aufwands. Wofür machte ich das eigentlich? Natürlich verdiente ich damit mein Geld, natürlich kam ich in der Weltgeschichte rum – aber wollte ich das überhaupt noch und vor allem: zu diesem Preis?

Ich wollte nicht länger wegschauen.

Nachhaltigkeit wurde mein großes Thema.

Auch in meinem Freundeskreis drehten sich die Gespräche zunehmend um Umweltschutz und Achtsamkeit. Plötzlich fingen meine Kollegen an aufzupassen, wie viele zig Kilometer das Obst, das Gemüse und besonders das Fleisch, das sie aßen, hinter sich hatten, bis es im Laden landete.

Immer mehr Leute wollten wissen, ob die Eier von glücklichen Hühnern stammten, das Fleisch von glücklichen Tieren. Mit Massentierhaltung wollte keiner mehr zu tun haben.

Außerdem wurde immer wichtiger, was den Tieren ins Futter gemischt worden war. Genmanipuliertes Getreide wurde abgelehnt. Mein ganzes Umfeld fing an, gesünder und bewusster zu leben, auch wenn das schwierig war in New York: Es gab zwar schon Bioprodukte, allerdings zu horrenden Preisen in Läden, die weitab vom Schuss lagen.

Und wer wurde ihr Lieblings-Sparring-Partner bei diesen ganzen Diskussionen? Ich natürlich.

„Gerd, du kommst doch vom Land. Du kennst dich doch aus."

Stimmt. Aber ich war selbst schon zu lange weg vom Hof und hatte genau wie sie eine von den Medien einseitig beeinflusste Meinung. Die Schuldzuweisung ging fix. Die simple Erklärung: Die Landwirte sind die Bösen, schließlich kippen sie Tonnen an Pflanzenschutzmittel und Dünger auf die Felder. Und überhaupt: Diese industrialisierte Massentierhaltung ist unwürdig. Erst später wurde mir klar, dass man dabei präzise sein und differenzieren muss.

Denn was genau bedeutet der Begriff Massentierhaltung eigentlich, mit dem jeder rumhantiert und jede Debatte im Handumdrehen aufgeheizt wird? 300 Kühe sind eine Masse Tiere. Wenn sie aber in einem neuen Stall untergebracht sind, ist das aller Wahrscheinlichkeit noch komfortabler für sie, als wenn 20 Kühe in einem alten Stall auf Vollspaltenböden stehen müssen. Das kann man von außen betrachtet natürlich gar nicht wissen. Umso wichtiger ist eine klar geführte Debatte, in der jeder weiß, wovon er oder sie gerade spricht. Wie gesagt, ich komme vom Hof. Ich kannte die Arbeitsweise meiner Eltern. Und dennoch stempelte ich sie wie alle anderen auch als Umweltsünder ab.

Besonders angriffslustig waren die, die sich zu bekennenden bis militanten Vegetariern gewandelt hatten.

Hätten meine Kollegen und Freunde damals gewusst, dass meine Eltern auf dem Martinshof 1.000 Ferkel hielten und für die Schlachtung aufzogen, hätten sie wahrscheinlich vor lauter Empörung erst mal nicht mehr mit mir geredet.

Was?! Das ist doch Tierquälerei!

Dabei bin ich mir sicher: Unsere Schweine hatten es gut. In den Ställen lag Stroh, die Ferkel standen nicht auf dem blanken Lattenrost, sie konnten raus ins Freie und hatten zugleich immer Schutz vor sengender Sonne oder prasselndem Regen.

Die Devise „Schneller, höher, mehr!“ wurde nun unisono gebrandmarkt. Also bitte! Als sei das nur das Problem der Landwirtschaft! Denn mal ehrlich: Wer heizt denn in immer höherem Tempo den Konsum an wie kaum eine andere Branche? Wer spielt mit der Sehnsucht, wer schürt den Glauben der Menschen, dass das Äußere über das Lebensglück entscheidet und der jeweilige Style über die Individualität? Die Werbebranche. Und die Modebranche auch. Richtig.

In meinem damaligen Umfeld konnte dich ein Auftritt schon mal ein paar Tausend Euro kosten. Wir haben unsere Outfits regelrecht abgescannt: Aha, die Lederjacke von Saint Laurent, 2.000 Euro. Eher mehr. Und das Hemd? Von Versace? 350. Mindestens. Der Pulli? Hhhhhmmm. Von Acne. Bestimmt 400 plus! Die Jeans ist auch nicht von H&M. Und die Schuhe? 350? So ging das von oben nach unten: Je teurer die Klamotten, je bekannter die Labels, desto erfolgreicher und angesagter waren die, die die Sachen trugen. Die sie sich leisten konnten. Das Outfit war die eigentliche Visitenkarte.

Eine solche Einstellung, eine solche Praxis zieht Kreise. Ich erlebte immer wieder, wie Redakteurinnen, Make-up-Artists oder Stylistinnen – die männlichen Kollegen sind mitgedacht – in ihre eigenen Fallen tappten: Sie wollten das, was sie in ihren Heften bewarben, selbst darstellen oder haben.

Das Verrückte dabei ist: Sie wissen alle, wie viel Fake dabei ist. Die Models sind gar nicht so dünn, wie sie auf den Bildern aussehen. Obwohl sie schon sehr, sehr gut aussehen, haben sie genauso ihre Problemzonen, nur werden die per Photoshop wegretouchiert. Und trotzdem versuchen die Frauen und Männer aus der Modebranche, genauso leicht und schmetterlingszart zu sein, wie die Cover es vormachen. Es ist mehr als eine magersüchtig, sie müssen immer super aussehen, sie brauchen auch privat die Klamotten, in die sie die Models stecken. Manchmal bekommen sie bei Produktionen zwar etwas geschenkt, aber das sind dann meistens nur Kleinigkeiten, Accessoires wie Taschen oder Tücher. Deshalb geht unfassbar viel Geld für Klamotten drauf, die sie sich eigentlich nicht leisten können. Doch das differenzieren die wenigsten. Und stürzen sich in Unkosten.

Dann wird nicht zuletzt an den Lebensmitteln gespart. Denn es ist wichtiger, gut auszusehen und zweimal im Jahr in den Urlaub zu fliegen, als sich nachhaltig zu ernähren und eine bestimmte Form der Landwirtschaftsindustrie nicht länger zu unterstützen.

Schicksalsschlag

Ich kenne das übrigens auch von mir: Wer einmal daran gewöhnt ist, über den Beruf in den schicksten Hotels untergebracht zu sein, der kann sich privat nur schwer mit weniger zufriedengeben. Ich habe das im Urlaub mit einem Freund erlebt: Wir flogen auf die Malediven, ausgerechnet auf die Inselgruppe, die ich so gut in Erinnerung hatte. Alicante all inclusive war da schwierig. Das Zimmer, das wir hatten, war in der zweiten Reihe, lieblos eingerichtet, mit abgeranzten Möbeln und dafür viel zu teuer. Also nahmen wir ein Upgrade, um in dem schönen Bungalow vorne am Strand zu sein. Wir hätten uns zwölf Tage nur geärgert, aber für jemand anderen, der die andere Welt nicht kennt, wäre unser Zimmer in der zweiten Reihe womöglich das Paradies gewesen.

All das beschäftigte mich. Mein Arbeitsumfeld gab mir den Rest: Während wir Werbekampagnen für Haarfarben fotografierten, diskutierten wir über Umweltschutz. Dabei wussten wir alle, dass Haarfärbemittel chemische Substanzen enthalten und dass der ganze Mist später beim Friseur einfach ins Abwasser gespült wird. Aus den Haaren, aus den Augen, aus dem Sinn. Aber wer beißt schon die Hand, die ihn füttert?

Ich kam immer mehr ins Grübeln. Wozu wollte ich weiterhin Ja sagen, weil das Umfeld mich anzog, der Job mich interessierte und ich meinen Lebensunterhalt damit verdiente? Und ab wann wurde es Zeit, Nein zu sagen, weil es nicht mehr zu verantworten war, an diesem übertriebenen Konsum mitzuwirken?

Mich störte es zunehmend, Teil dieses Systems zu sein.

Außerdem hatte meine Mutter sich gemeldet. Martin ging es schlechter. Inzwischen häuften sich Szenen, wie ich sie bei meinem letzten Besuch in Rüsselhausen miterlebt hatte: Mal knickten ihm die Beine weg, mal fiel er aus dem Stand um wie ein gefällter Baum. Etwas stimmte nicht. Das wussten wir alle, schauten aber weg. Auch Martin ignorierte seinen Zustand, was mich ziemlich wütend machte. Doch was sollte ich aus der Entfernung tun?

Wie bei fast allen echten Problemen, die wir in der Familie haben, wurde die Erkrankung meines Bruders nicht groß thematisiert. Nur mit Carmen und mit meiner Tante Gudrun konnte ich reden, ohne ein Blatt vor den Mund nehmen zu müssen. Mit ihnen konnte ich meine Sorgen teilen.

Meinen Eltern fällt es bis heute schwer, die Diagnose laut auszusprechen. Trotzdem. Irgendwann stand sie doch im Raum. Martin hat MS. Damit änderte sich alles.

Ich musste erst mal nachschauen, was das genau ist – und was es für Martin bedeutet. Eine Autoimmunerkrankung, die das zentrale Nervensystem befällt. Die Prognosen sind schlecht, die Verläufe sehr unterschiedlich. Für einen Bauern sind sie allesamt unmöglich. Es geht einfach nicht zusammen. Martin wird eines Tages aller Wahrscheinlichkeit nach im Rollstuhl sitzen. Er kann dann nicht mehr als Landwirt arbeiten. Er kann irgendwann überhaupt nicht mehr arbeiten.

Für meine Eltern und für meinen Bruder brach eine Welt zusammen. Mit der Diagnose war ihre gesamte Zukunftsplanung beim Teufel.

Die Situation spitzte sich zu. Auf der einen Seite meine Zweifel an dem, was ich tue. Und von der anderen Seite des Teiches, aus Deutschland, jagte eine Hiobsbotschaft die nächste: Nicht nur, dass mein Bruder gesundheitlich enorm abbaute – auch wirtschaftlich wurde es zunehmend schwieriger. Meine Familie hatte ihr Leben lang hart gearbeitet, doch den Entwicklungen konnte sie sich nicht entgegenstemmen: Es ist heute kaum möglich, als mittelständischer konventioneller Landwirt wirtschaftlich erfolgreich zu arbeiten. Am Ende blieb gerade so viel übrig, dass sie ein weiteres Jahr über die Runden kamen. Sollte das immer so weitergehen, obwohl meine Eltern aufs Rentenalter zusteuerten?

In den 1980er-, 1990er-Jahren hatte es in Rüsselhausen 15 Bauernhöfe gegeben. Jetzt waren noch drei übrig.

Sollte meine Familie die nächste sein, die aufgeben musste?

Der Traktor fuhr vor die Wand. Ich wollte nicht länger nur zuschauen.

Und: Ich musste mir ernsthaft Gedanken darüber machen, wie meine Zukunft aussehen könnte.

Abschied von der Fotografie?

Ich hatte schon einiges erreicht als Fotograf. Ich wusste, was ich konnte: für gute Stimmung am Set sorgen, sodass die Leute sich öffnen, genau beobachten. Ich sah viel, ich konnte gut mit den Augen klauen. Daraus kombinierte und komponierte ich neue Szenen. Und ich war technisch richtig gut. Ich beherrschte das Licht. Das erfüllte mich in gewisser Weise mit Stolz, sicher mit Freude.

Und: Ich lernte schnell. Gab mich dann aber auch schnell zufrieden. Sobald ich ein gewisses Level erreicht hatte, war mir das meistens genug. Ich musste kein Spezialist werden. Ich musste die Dinge nicht immer weiter perfektionieren.

Es muss ungefähr 2013 gewesen sein, als ich das Interesse daran verlor, als Fotograf noch erfolgreicher zu werden. Ich konnte mich der Einsicht nicht länger verschließen, dass ich noch etwas anderes in meinem Leben machen wollte, als Werbefotos zu schießen. Außerdem konnte ich mich mit dem Augenvergrößern und Faltenretuschieren, mit diesem Rumschrauben an der Wirklichkeit nicht mehr identifizieren.

Und über die Jahre kam noch etwas anderes hinzu: Die Selbstständigkeit begann mich zu belasten. Als Freiberufler stehst du unter enormem Druck. Bis zum Schluss lernte ich nicht, die Zeit zu genießen, wenn der Kalender mal nicht rappelvoll war. Jeder, der selbstständig arbeitet, kennt das Phänomen: Du hast Projekte abgearbeitet, du bekommst das Honorar überwiesen, du atmest durch. Die ersten Tage bist du entspannt. Endlich will mal niemand etwas von dir. Doch das Telefon bleibt stumm. Panik kommt auf. Möchte dich etwa niemand mehr buchen? Bist du überhaupt gut genug für diese Arbeit? War der Kunde doch nicht so zufrieden, wie er behauptet hat? Haben mich denn alle vergessen?

Also gehst du wieder zu den ganzen Events, bringst dich ins Gespräch, putzt Klinken, knüpfst noch mehr Kontakte und versuchst die, die du schon hast, am Laufen zu halten, immer schön im Gleichgewicht zwischen dranbleiben, aber bloß nicht aufdringlich werden. Das ist ein Drahtseilakt.

Man muss im Gespräch und immer interessant bleiben. Man muss sich analog und digital auf möglichst vielen Plattformen tummeln. Auf Instagram folgen dir nur 800 Leute? Dann machst du etwas falsch!

Egal, wie lange du dabei, egal, wie erfolgreich du bist, bleibt diese latente Angst, es könnte doch nicht reichen. Und dass man unersetzbar sein könnte – dieser Illusion sollte sich sowieso niemand hingeben. Es sei denn, man gehört zu den paar Superstars der jeweiligen Szene.

Sonst gilt: Selbst wenn du über Jahre hinweg zuverlässig gute Arbeit geleistet und überraschende Ergebnisse geliefert hast, braucht nur die Artdirektion in einem Unternehmen oder einer Zeitschrift zu wechseln, schon kann es sein, dass du deinen Job los bist. Das muss gar nichts mit dir und deiner Arbeit zu tun haben, sondern einfach damit, dass jeder neue Kreativdirektor auch wirklich etwas Neues machen will. Das macht er oder sie am besten mit neuen Leuten. Es ist der berühmte frische Wind, der dich mir nichts, dir nichts vom hohen Ross oder eher aus dem Studio fegen kann.

Das sind die Spielregeln. Auch das hing mir zum Halse raus. Nach zehn Jahren Fotografie hatte ich genug. Den Druck, der ja auch ein gesamtgesellschaftliches Phänomen ist und unser aller Leben nicht leichter macht, wollte ich abschütteln. Das war keine langfristige Perspektive – jedenfalls nicht für mich. Ich wollte wieder frei sein für etwas Neues. Außerdem fand ich: Man muss nicht ein Leben lang das Gleiche tun. Vor allem aber wollte ich endlich wieder etwas in meinen Augen Sinnvolles tun.

»Es zieht
mich aufs Land
ZURÜCK.«

ICH KANN MIR GUT SACHEN VORSTELLEN

Zeiten des Umbruchs

2011 fängt es an. Ich wache nachts immer häufiger auf, weil das Gedankenkarussell sich wieder dreht. Ich denke an unseren Hof, an meine Familie, meine Großmutter, der ich so viel verdanke. Daran, dass ich heimatlos geworden bin über die letzten Jahre und dass ich das ändern will. Und obwohl ich eigentlich noch viel zu jung dafür bin, denke ich auch darüber nach, wie ich im Alter einmal leben möchte.

Hellwach und müde zugleich, wie ich bin, beginne ich zu träumen. Je länger ich von Rüsselhausen weg bin und je älter ich werde, desto mehr merke ich: Es zieht mich zurück aufs Land, in die Natur. In Hamburg hatte ich immer das Alte Land vor Augen. Mein Wunsch war es, dort auf einem kleinen Hof alt zu werden, mit eigenem Garten, ein paar Pferden, einer kleinen Herde Schafe. Vielleicht könnte mein kleiner Hof dann sogar ein Ort für Shootings werden? Es sind Luftschlösser mit Stall und Misthaufen.

Hier in New York verbringe ich immer mehr Zeit bei einer Freundin auf dem Land, die mich gebeten hat, ihr im Garten zu helfen. Anfänglich bleibe ich eine Nacht von Samstag auf Sonntag. Dann wird es Freitag bis Sonntag. Dann Freitag bis Montag. Es ist kein Geheimnis, dass ich lieber bei ihr auf dem Land als in der Stadt bin. Ihr kleines Haus liegt ungefähr zwei Stunden nördlich der Stadt, wunderschön im Grünen: Felder, Hügel, Obstbäume. Ganz wie in Rüsselhausen. Auf meinen Reisen fällt mir überhaupt immer wieder auf, wie sehr ich Landschaften mag, die mich an meine Kindheit erinnern.

Wenn ich dann wieder wach in meinem Bett liege, allein mit meinen Gedanken und Sorgen, blitzt die Idee auf: Warum denn nicht zurückgehen?

Martin wird den Martinshof nicht übernehmen. Das ist inzwischen undenkbar. Dass unser Familien-Hof verkauft werden soll, ist für uns alle aber genauso unvorstellbar.

Also bleiben nur ich und meine Schwester.

Aber ist es für mich eine Option, nach Rüsselhausen zurückzukehren? Und wenn ja – was ist meine Motivation? Pflichtgefühl? Schlechtes Gewissen, weil ich so lange weg war und es einfacher hatte als meine Eltern und Martin? Auch Carmen macht sich Gedanken. Sie will genauso wie wir alle, dass der Martinshof in der Familie bleibt. Ich weiß genau, wie wichtig ihr dieser Ort ist: ihr Elternhaus. Ihr Elternhof. Ihr Zuhause. Obwohl sie in München als Lehrerin arbeitet, verbringt sie jede freie Minute bei meinen Eltern auf dem Hof und unterstützt sie, so gut sie kann. Den Hof zu übernehmen ist für sie aber keine Option. Wir überlegen gemeinsam, welche Möglichkeiten es gibt. Aber eines muss ich alleine tun: für mich klarstellen, warum ich zurückgehen würde. Meiner Familie helfen zu wollen, reicht als Grund nicht aus. Dafür steht für mich zu viel auf dem Spiel. Dafür gebe ich zu viel auf. Wenn ich nur den guten Samariter geben will, würde uns das beim ersten größeren Konflikt um die Ohren fliegen.

Wenn ich also wirklich zurückkomme und bleibe, will ich Räume für etwas Eigenes schaffen. Für meine persönliche Freiheit. Bei allem familiären Zusammenhalt geht es nicht nur um die Zukunft des Martinshofes – es geht auch um meine Zukunft. Ich brauche eine konkrete berufliche Perspektive, mit der ich mein Geld verdienen kann. Es muss etwas sein, das ich wirklich machen möchte, etwas, wohinter ich stehe, was ich leisten und vor allem, was ich *mir* leisten kann.

Zu neuen alten Ufern?

Ich bin immer öfter zu Hause. Wir reden darüber, dass ich mir ernsthaft überlege, die Fotografie endgültig an den Nagel zu hängen und ganz auf den Martinshof zurückzukehren. Meine Mutter sagt: „Das können wir doch nicht von dir erwarten."

Ich höre zwischen den Zeilen: „Es wäre eine riesige Hilfe."

Mein Vater sagt nicht viel, aber ich sehe ihm an, was er denkt: „Das schafft der Gerd doch nie! In diesem Hamsterrad seine Runden zu drehen. Dafür fehlt ihm das Durchhaltevermögen."

Wie es Martin damit geht, kann ich nur erahnen. Dass er sich freut bei dem Gedanken, mich in Zukunft als Bauern an seiner Seite zu haben, kann ich mir beim besten Willen nicht vorstellen. Für ihn ist es wahrscheinlich die komplette Zumutung: Jetzt kommt der kleine Bruder zurück und will uns sagen, wo's langgeht. Aber hat er eine Wahl?

Carmen freut sich, glaube ich. Wir mögen uns sehr. Das war schon immer so. Es ist schön, wieder näher beisammen zu sein und mehr Zeit miteinander zu verbringen.

Wie sehr sie mich im Lauf der Jahre unterstützen, wie sehr sie später zwischen uns allen vermitteln und ausgleichen wird, ahne ich zu dem Zeitpunkt noch nicht. Sie wird meine wichtigste Verbündete werden.

Und ich? Was ist mit mir?

Ich will mich nicht abfinden. Mich juckt es in den Fingern, den Martinshof von Grund auf umzustrukturieren, umzubauen und zu sanieren. Da gibt es genug zu tun.

Doch was ist mit der Fotografie? Mit diesem abwechslungsreichen Beruf? Mit dem Leben in der Stadt? Was ist mit der Freiheit und Ungebundenheit dieses professionellen Vagabunden-Lebens auf hohem wirtschaftlichem Niveau? Kann und will ich darauf wirklich verzichten?

Ich weiß es nicht.

Ich weiß es wirklich nicht.

Es ist ein einziges Hin und Her.

In diesen Tagen des Abwägens denke ich immer wieder, dass das Leben wie Pilze sammeln ist. Du gehst in den Wald mit deinem Körbchen, biegst links ab, biegst rechts ab, findest Pilze, pflückst sie, sammelst sie ein. Aber du weißt nie, ob du nicht vielleicht viel mehr Pilze gefunden hättest, wenn du erst rechts und dann links abgebogen wärst. Oder weniger.

Ich muss für mich herausfinden, ob ich mir vorstellen kann, wieder in eine andere Richtung abzubiegen, ohne zu wissen, ob ich dort gute Pilze finde, die ich in meinem Körbchen nach Hause tragen kann. Ob ich das kann und will: jeden einzelnen Tag in den Stall, morgens in der Früh und am Abend, egal, ob Wochenende ist, egal, wie das Wetter ist, egal, wie es mir gerade geht. Will ich das mit allen Konsequenzen?

Mein Ziel ist: Der Martinshof muss rentabel sein. Das geht nicht ohne fundamentale Veränderungen. Und: Wir müssen weg von der konventionellen Landwirtschaft hin zu Bio. Das bedeutet sehr viel Arbeit, Zeit und Geld. Uns allen ist klar: Wir kriegen das nur zusammen hin.

Schließlich ziehe ich die Konsequenz. Ich ziehe nicht weiter in die weite Welt hinaus. Ich kehre aus der weiten Welt zurück nach Hause.

Leben auf dem Lande

Als meine Mutter jung war, lebte sie eine Zeit lang in München und arbeitete als Hauswirtschaftsleiterin. Weil mein Vater und sie heiraten wollten, kam sie zurück. Sie wusste, worauf sie sich einlassen würde, da sie selbst auf einem Hof groß geworden war. Das soll jetzt nicht zu pathetisch klingen, aber in gewisser Weise sind Landwirte in der Fron. Die Natur ist eine mächtige Instanz, sie gibt alle Abläufe vor: ein zu trockener Sommer, ein zu früher Frost entscheiden über Erträge und Erfolg. Regen zur falschen Zeit kann eine ganze Ernte ruinieren. Kein Regen genauso. Das Land und das Klima sind Verbündete. Manchmal werden sie zu Feinden.

Meine Mutter wusste, dass sie in Zukunft keinen Tag ihres Arbeitslebens mehr wirklich freihaben würde, abgesehen von den Sommerferien, und die dauerten auch nur maximal eine Woche. Wo haben wir sie verbracht? Auf einem Bauernhof im Allgäu. Ausgerechnet. Immerhin mussten wir dort nicht in den Stall.

Aber meine Mutter wusste auch: Die Arbeit, die sie verrichtet, ist sinnvoll. Denn die Landwirtschaft sorgt nicht nur für das Essen auf dem Tisch. Landwirtschaft gestaltet Landschaft.

Bestes Beispiel: eine Spazierfahrt durchs Hohenlohische, raus aus der Stadt, von Würzburg oder Stuttgart aus fährt man an Wiesen und Äckern und blühenden Streuobstwiesen vorbei. Vielleicht hält man am Straßenrand. Steigt aus, streckt den Rücken durch, atmet tief ein. Frische Luft! Herrlich!

Der Blick schweift über blühende Schlehenhecken, Hügel rauf, Hügel runter. Grüne Feldwege schneiden Linien ins Braun der Äcker. Knallgelbe Rapsfelder ziehen sich bis zum Horizont. Da geht doch das Herz auf.

Durchs Tal schlängelt sich der Bach, durch die Stämme der alten Bäume, die den Flusslauf säumen, leuchtet der Himmel tiefblau. In den Ästen sitzen Vögel und zwitschern und tirilieren in allen Tonlagen um die Wette.

Ein Stück weiter, beinahe in Sichtnähe des Martinshofes, steht die alte Mühle. Hier wird zwar nicht mehr Getreide gemahlen, aber der Ort ist umso malerischer: Das schmiedeeiserne Tor zum Haupthaus ist von Rosenranken eingefasst, die Scheune ist aus Fachwerk, hinterm Hof grünt und blüht ein prächtiger Bauerngarten.

Und immer noch ist die Luft so frisch.

Und immer noch singen die Vögel.

All das passiert aber nicht von allein.

Jeder Landwirt, egal, wie er wirtschaftet, trägt zur Pflege dieser Landschaft bei. Jeden Tag gestaltet er seine Umgebung, er pflegt und erhält sie. Der Blick eines Landwirts auf die Natur ist ein fundamental anderer als der eines Außenstehenden. Wenn er im März einen blühenden Obstbaum sieht, denkt er vielleicht: „Das ist aber etwas früh im Jahr. Und auch das Getreide ist schon so groß gewachsen. Hoffentlich kommt jetzt kein Frost mehr. Sonst ist alles hin."

Ein Landwirt sieht auf den ersten Blick, wie es um die Landschaft bestellt ist. Wächst das Getreide gut? Sind zu viele Unkräuter auf dem Feld? Ist die Trockenheit bedenklich? All das sehe nun auch ich, wenn ich, wie neulich zum Beispiel, mit dem Zug unterwegs bin. Die Folgen des trockenen Sommers 2018 lassen sich in allen Regionen Deutschlands am Wald ablesen. Auf der Fahrt fragte ich die junge Frau neben mir, was sie sieht, wenn sie aus dem Fenster schaut. Sie sah alles Mögliche. Als ich sie darauf aufmerksam machte, dass in den Wäldern immer wieder vertrocknete Bäume stehen, konnte sie gar nicht glauben, wie viele es sind, und dass sie das übersehen hatte. Die restliche Fahrt über sagte sie immer wieder: „Hier auch!"

In den letzten Jahrzehnten ist die Arbeit in den Ställen und auf den Feldern einfacher geworden. Maschinen nehmen Menschen viel ab. Das ist nicht nur das Ergebnis des technischen Fortschritts. Es ist auch Ergebnis einer Landwirtschaftspolitik, die große Flächen für industrialisierte Landwirtschaft gefördert hat. Auch wenn sich bei uns in der Gegend die Probleme noch in Grenzen halten, zeichnet sich das Höher, Schneller,

Weiter, Mehr, das in so vielen Branchen greift, natürlich auch in der Landwirtschaft ab. Es ist ein Denken, das Lobbyverbände und Politik forciert haben.

Viele Landwirte haben dieses Denken aufgegriffen und umgesetzt. Was bleibt ihnen auch anderes übrig? Die Preise werden von den Abnehmern diktiert, riesige Flächen erleichtern die tägliche Arbeit und steigern den Ertrag: Mit den Maschinen drüberfahren, in Massen ernten, verkaufen und verdienen – das leuchtet auf den ersten Blick ein. Es ist ein Teil der Wahrheit.

Bei der Tierhaltung ist es nicht anders: Wie viel Platz die einzelnen Tiere haben, wird durch das, was sie bringen, bestimmt. Es werden immer größere Ställe für immer mehr Vieh, immer mehr Milch, immer mehr Fleisch, immer mehr Eier gebaut. Ob die Schweine sich stapeln oder die Hühner ihre Federn verlieren, weil sie so zusammengepfercht sind, wird irgendwann mit einem Schulterzucken hingenommen: „So ist es halt". Aber kalt lässt es keinen Bauern. Es ist ja auch kein schöner Anblick. Unterm Strich ist von dort aus der Schritt nicht mehr groß, um die Abläufe mit der Ausrede „Wir können ja nicht anders" wie gehabt weiterzubetreiben. Hauptsache, am Ende stimmt die Kosten-Nutzen-Rechnung.

Doch auch hier muss man differenzieren. Es gibt genügend Landwirte, die aus einer Ohnmacht heraus in diese Spirale eingestiegen sind. Für sie war es die lang ersehnte Möglichkeit, mit ihrer Knochenarbeit halbwegs Geld zu verdienen und nicht nur von der Hand in den Mund zu leben, weil es zwar Einnahmen gibt, aber die Ausgaben und laufenden Kosten so hoch sind, dass der Gewinn mehr oder weniger gegen null geht. Hätten sie nicht mitgemacht, hätten sie bald aufgeben müssen.

Aber natürlich gibt es, wie überall, die schwarzen Schafe. Ein besonders abschreckendes Beispiel ist der so beliebte Büffel-Mozzarella. Er wird aus der fetthaltigen Milch der Wasserbüffel gewonnen, für seine Herstellung braucht man also, von der Zucht abgesehen, nur weibliche Tiere. Für das Fleisch der männlichen findet sich kein Absatz, einen Markt für Büffelfleisch gibt es leider nicht. Dabei schmeckt es gut, ganz leicht nach Wild. Aufgrund des fehlenden Absatzes ließ man die männlichen Kälber auf manchen Höfen in Italien dann einfach verhungern. Das ist natürlich schlechteste Landwirtschaft von ihrer finstersten, ausbeuterischsten Seite. Aber ja – die gibt es. Auch in Deutschland. Überfüllte Schweine- und Putenmastställe. Vernachlässigte Kühe. Zu viel Gülle. All das ist auch Teil der Wahrheit.

Und der müssen sich die Landwirte stellen.

Obwohl ein derart drastisches, im Grunde ja kriminelles Verhalten zum Glück die absolute Ausnahme ist, sind Bauern hierzulande nicht gut angesehen. Mein Vater sagt immer: „In Deutschland gelten Bauern als dumm, sie sind als Tierquäler abgestempelt und sie gelten als die größten Umweltsünder."

Das ist natürlich Unfug, mein Vater regt sich unfassbar darüber auf. Andererseits ist eine solche Sicht nicht ganz von der Hand zu weisen. Jahrelang hat sich die Landwirtschaft von der Industrie leiten lassen, hat Pflanzenschutzmittel und synthetische Dünger verwendet, hat altbewährte Praxis zugunsten des Mehrertrags aufgegeben und auf diese Weise immer mehr Pflanzenschutzmittel in den Kreislauf eingebracht. Natürlich waren und sind diese Pflanzenschutzmittel zugelassen, doch wie sehr sie in den Kreislauf eingreifen, wie lange sie sich im Boden, in den Wurzeln, in den Pflanzen, dem Getreide, dem

Obst und Gemüse halten, hat wenige interessiert. Und dass sie natürlich in den Kreislauf zurückkehren – über den Regen, das Grundwasser, und genauso, wenn die Silage und das Getreide derart behandelter Felder wieder an die Rinder verfüttert werden.

Die Wirkstoffe gelangen in die Kühe, in die Milch und landen so bei uns Menschen. Wenn bei 75 Prozent der Bevölkerung Rückstände von Glyphosat im Urin gefunden werden, kann kein Landwirt erwarten, dass die sich darüber keine Gedanken machen und es einfach hinnehmen. Glyphosat hat in unserem Körper nichts verloren.

Landwirte rechtfertigen den Einsatz von Pflanzenschutzmittel häufig damit, dass die Nutzpflanzen durch sie gesünder sind – kein Pilzbefall, keine Pflanzenkrankheiten. Glyphosat aber ist kein Pflanzenschutzmittel, sondern ein Unkrautvernichter. Es dient lediglich dazu, Landwirten beim Bewirtschaften der immer größer werdenden Flächen zu helfen.

Auch für die Landwirtschaft, mit Betonung auf Wirtschaft, gilt: Das kommt dabei heraus, wenn alle erstmal ans Geld und an ihren eigenen Vorteil denken und nicht an ein größeres Ganzes. Die Leute wollen Geld verdienen. Das muss auch so sein, sonst bleibt man auf der Strecke. Die Leute wollen Geld sparen. Das gilt hüben wie drüben. Es gilt für die Landwirte wie für die Verbraucher. Schön blöd, wer da sein biologisches Fähnchen in den Wind hält und fragt: Moment mal, wohin läuft das alles? Brauchen wir nicht eine ganz andere, eine besonnene, eine umweltbewusste, eine verträgliche und somit zukunftsträchtige Landwirtschaft?

Wir alle tragen Verantwortung

In den 1980er-Jahren hat ein Umdenken eingesetzt. Seitdem haben anders denkende Landwirte den Weg geebnet. Sie waren Pioniere oder vielleicht Nostalgiker, die sich auf altes Wissen bezogen und eben nicht den Verlockungen der Industrie verfielen. Trotzdem ist es erstaunlich, dass es noch mal fast 30 Jahre gedauert hat, bis sich endlich nachhaltig etwas tut.

Und es braucht weiterhin viel Druck: den Druck der Verbraucher, den Druck der Öffentlichkeit, auch finanziellen Druck. Doch jetzt sind wir Landwirte an der Reihe, um die längst fälligen Veränderungen auch wirklich umzusetzen.

Wir haben Spielräume, zweifellos, aber zeitgemäße Landwirtschaft bedeutet richtig viel Arbeit. Das müssen die Menschen wissen und dann sind die Verbraucher ebenfalls am Zug. Das Umweltbewusstsein, der Wunsch nach artgerechter Tierhaltung und gesunder Ernährung dürfen nicht an der Kasse abgegeben werden. Bio kostet mehr – und ich sage ganz bewusst Bio, in Abgrenzung zu regionaler Landwirtschaft, die ebenfalls unterstützenswert ist. Aber nur dann, wenn die Tiere nicht mit Soja und Palmöl aus Übersee gefüttert werden. Sonst ist die regionale Landwirtschaft nicht regional.

Einmal mehr gilt: Es gibt viele Teile der Wahrheit. Man muss genau hinschauen. Darum wollte ich, als ich mich entschloss, nach Rüsselhausen zurückzugehen, bewusst umstellen auf Bio. Das ist teurer, für alle und an jeder Stelle, doch das sollte es uns unbedingt wert sein.

Bitte nicht falsch verstehen: Ich will nicht zurück in die Zeiten unserer Urgroßeltern. Ich liebe gutes Essen, schöne Klamotten, ich fliege gern in den Urlaub und in meiner Garage steht ein Auto, das viel zu viel Sprit verbraucht. Aber das Wichtigste für uns alle ist die Umwelt, und wie es um die bestellt ist, halten uns inzwischen Schülerinnen und Schüler jeden Freitagvormittag bei ihren Demonstrationen vor: Fridays for Future.

Darum ist es mir so wichtig, unmissverständlich klarzumachen, dass jede und jeder Einzelne von uns mit jeder Kaufentscheidung Verantwortung trägt. Dazu kommt die Wegwerf-Attitüde unserer Konsum-Gesellschaft: Bei uns in Deutschland landen jährlich 18 Millionen Tonnen Lebensmittel im Müll, unsere Schränke sind mit Klamotten vollgestopft, aber in der nächsten Saison wollen wir trotzdem wieder den neusten Trend. Wir lassen es nach wie vor zu, dass elektronische Geräte viel schneller kaputtgehen, als sie es müssten. Warum? Damit neue Geräte verkauft werden können.

Solange wir geplante Obsoleszenz hinnehmen, wird sich kaum etwas ändern. Und dabei ist die tatsächliche rasante Entwicklung gerade bei technischen Geräten noch nicht mal mitbedacht, denn die liefert ja objektive Gründe für unseren schnelllebigen Konsum.

Und als sei das nicht schon kompliziert genug, sind die Aussichten in meinem unmittelbaren Umfeld alles andere als rosig: Die Zahl der deutschen Bauern sinkt dramatisch. Womöglich stirbt einer der ältesten Berufe der Welt aus, weil Agrarkonzerne sich endgültig durchsetzen und den Markt bestimmen – einen Markt übrigens, bei dem wir dann nicht mehr so ohne Weiteres das Essen auf den Tisch bekommen, das wir gerne hätten.

Diese Gedanken sind die Hintergrundmusik meines neuen Lebens. Meine Zweifel und Fragen fallen auf fruchtbaren Boden.

Denn ich kann in meiner Situation tatsächlich etwas ändern: in meinem Kopf, in den Köpfen der Menschen um mich herum und ganz konkret auf dem Martinshof. Mit der Idee, ihn umzustrukturieren und auf Bio umzustellen, renne ich offene Scheunentore ein. Die Zeit ist reif für Bio. Ich muss nur noch meine Familie überzeugen, vor allem meinen Vater und meinen Bruder.

Nur noch?! Vielleicht ist es gut, dass ich vorher nicht gewusst habe, wie viel Geduld ich dafür würde aufbringen müssen.

»Das Land und das Klima sind

VERBÜNDETE.«

Wieder daheim

Inzwischen lebe ich schon seit einem Jahr wieder in Deutschland. Noch kann ich mich nicht entscheiden, wieder komplett nach Rüsselhausen zu ziehen, phasenweise arbeite ich noch als Fotograf, mal in Hamburg, mal in Berlin. Aber insgesamt verbringe ich immer mehr Zeit auf dem Martinshof. Die ersten Nächte dort sind irgendetwas zwischen „Hanni und Nanni" und „Einer flog übers Kuckucksnest". Es ist wie eine Zeitreise zurück in meine Kindheit, und es ist zugleich völlig verrückt und abgefahren.

Liege ich gerade wirklich in meinem alten Kinderzimmer in meinem alten Bett? Mit den alten Plakaten an den Wänden?

Die müssen weg! Und dann müssen wir dringend ein paar Absprachen treffen. Wenn ich telefoniere, platzt mein Vater ins Zimmer, ohne anzuklopfen, versteht sich. „Wer ist denn dran?" Das ist ja wie früher!

„Wo kommst du denn jetzt erst her?", fragt meine Familie, wenn es abends spät wird. Oder sie sagen: „Bring doch vom Kaufland noch Rama mit." Ausgerechnet Rama!

Doch wie mache ich meinen Eltern klar, dass ich inzwischen erwachsen bin und nicht will, dass Mama oder Papa die Tür aufreißen und – wumms! – im Zimmer stehen?

Am liebsten würde ich überall gleichzeitig loslegen.

Ich kann mir Sachen gut ausmalen und ich habe ein ganz klares Ziel: Unser Hof soll nicht nur wirtschaftlicher, er soll auch schöner werden. Ich habe die letzten zehn Jahre mit Ästhetik verbracht – ich kann nicht zwölf Stunden am Tag arbeiten und dann ist es um mich herum hässlich.

Man muss sich das so vorstellen: Ein Hof verfügt nicht nur über Land und Ställe – ein Hof verfügt über riesige Stauräume, die Scheunen. Das ist wichtig. Die Maschinen, die Traktoren, das ganze Werkzeug, natürlich die Heu- und Strohballen, das Futter fürs Vieh, all das muss irgendwo untergebracht werden.

Aber wie es so ist: Wenn man Stauräume hat, füllt man sie auch. Und zwar mindestens zur Hälfte mit irgendwelchem unnötigem Krempel. Das kennen wir alle aus unseren Kellern und Speichern. So, nur viel überdimensionierter, ist es auf dem Martinshof.

Also fange ich irgendwo an.

Stück für Stück, Raum für Raum arbeite ich mich vor. Ich beginne mit dem ältesten Stall, den wir haben. Er wird seit Jahren nicht mehr genutzt. Die ehemaligen Boxen fürs Vieh, ordentlich gemauert, sind vollgestellt. Erst mal sortiere ich: Die alten Abdeckplanen kommen in eine Box, die rostige alte Aufstallung in die andere, Eimer, Kanister, Stangen wieder in eine andere. Dann schnappe ich mir den Besen und fege und fege, wirbel den Staub vor mir auf, fülle Schaufel um Schaufel Schutt in den Abfallkübel, frage mich, was ich da eigentlich tue?

Es ist wie das Erklimmen eines Zweitausenders. Sehr anstrengend. Aber so, wie man beim Wandern und Klettern staunen kann darüber, wie viel Strecke man in relativ kurzer Zeit zurücklegt, ist bei mir natürlich der Vorher-Nachher-Effekt enorm. Ausmisten ist toll! Aufräumen ist toll! Am Ende des Tages sehe ich, was ich geschafft habe.

Während ich räume und fege, unseren Anhänger belade, zig Fuhren zum Wertstoffhof karre, male ich mir aus, was man aus diesem alten Stall machen könnte. Der Raum wäre ideal für ein Schwimmbad. Die Rinne als Wasserbassin ist schon da, die eine Mauer weg, die andere durch bodentiefe Fenster ersetzen, sodass wir bis zum Aschbach schauen können – schon wäre ein kleines Paradies geschaffen, wie ich es von meinen Reisen kenne. Doch das ist Zukunftsmusik. Ganz abgesehen davon, dass bis heute niemand die Zeit hätte, eine solche Ruhezone zu nutzen.

Ich nehme mir Scheune um Scheune vor. Ich glaube, ich habe jede Schraube auf dem Martinshof einzeln in der Hand gehalten, jetzt hat erst mal alles seinen Platz.

Schöner wohnen, schöner leben, schöner arbeiten

Ich will damit nicht sagen, dass meine Eltern keine Ordnung hatten. Ihnen war das Optische nur nicht so wichtig. In den Generationen vorher war das nicht anders, es ging nicht so sehr ums Aussehen, um ein hübsches Haus, einen ordentlichen Hof, einen üppigen Garten – es ging darum, einen wirtschaftlich rentablen Betrieb am Laufen zu halten. Daran hat man sich orientiert. Zusätzlich hat im Laufe der Jahre vielleicht auch ein gesunder Pragmatismus gesiegt: Nach einem harten Arbeitstag noch aufräumen? Dass man dazu keinen Nerv hat, verstehe ich gut.

Mittlerweile ist der Hof zwischen unseren Wohnhäusern mit Kies befestigt. Das sieht besser aus als der blanke Boden, den es noch zu meiner Kindheit gab. Wenn es nur einmal geregnet hatte, schwamm alles und versank im Matsch.

Auch vor den Stallungen wird der Boden befestigt. Hier allerdings mit Pflastersteinen. Die kann man besser sauber halten. Mein Vater und mein Bruder schütteln den Kopf: so was Unnötiges! Ich kann sie ja verstehen. All diese Projekte kosten Geld und bringen wirtschaftlich nichts. Auch wenn sie es nie zugeben würden – der Unterschied ist dennoch nicht zu übersehen. Es ist schöner als früher.

Einen solchen Sinn für Ästhetik muss man sich vielleicht leisten können. Ganz sicher muss man ihn schulen. Mir ist das Optische wichtig. Mein Ziel: meine Familie damit anzustecken.

An den Abenden ackere ich die Abrechnungen der letzten Jahre durch, überlege, was man wo einsparen könnte, um aus den roten Zahlen rauszukommen. Meine Familie könnte Land verpachten. Das wäre ein kalkulierbares Einkommen. Meine Eltern könnten sich allmählich zurückziehen, mit der langfristigen Perspektive, sich ganz zur Ruhe zu setzen.

Aber sie lehnen ab. Natürlich lehnen sie ab.

Es geht ja um ihren Hof. Es geht um ihr Lebenswerk.

Also muss es möglich sein, den Martinshof in einer Kombination aus dem Wissen der Generationen vor uns und den Errungenschaften moderner Technik so zu führen, dass Ressourcen geschont werden und die Arbeit sich auszahlt.

FLÜGEL

Schaffe, schaffe, Häusle baue

Das Tor zur großen Scheune steht offen. Ich betrachte die alten Bauernschränke, eine Garderobe, einen Nierentisch. Das habe ich peu à peu gesammelt, seit ich mehr Zeit auf dem Hof verbringe: Wenn ein Haushalt aufgelöst wird, werde ich oft gefragt, ob ich noch mal stöbern will. Meistens nehme ich genau das mit, was kein anderer haben will.

Riesige Lampenschirme aus Fallschirmstoff – die stammen noch aus dem Zweiten Weltkrieg. Alte Schautafeln lehnen neben einer alten Schul-Landkarte. Die darauf eingezeichneten Grenzen stimmen längst nicht mehr. Weiß lackierte Blumenkästen balancieren auf hohen Beinen neben angelaufenen, in Holz gefassten Spiegeln.

Ich lasse meinen Blick über diese Schätze schweifen, ich weiß, dass da noch viel mehr ist: entsorgte Vasen, Geschirr, Seifen und Spülmittel im Hunderterpack. In der Stadt legen die Leute dafür richtig viel Geld auf den Tisch!

Außerdem stapeln sich Leinentischtücher, Servietten, Geschirrtücher mit Initialen – gesammelte Aussteuer. Alle diese Gegenstände erzählen eine Geschichte. Das mag ich sehr. Und ich weiß auch schon, was wir damit anstellen können: Wenn wir so weit sind, Veranstaltungen und Hoffeste ausrichten zu können, werden sie dem Hof das richtige Ambiente verleihen. Die Leute sollen auf dem Martinshof ein paar angenehme Stunden verbringen. Und sie sollen bei der Gelegenheit hautnah erleben können, was es bedeutet, Bauer zu sein.

Aber auch das muss noch warten, auch das ist noch Zukunftsmusik. Noch fräse ich mich weiter durch das, was unter den Nägeln brennt.

2014 können wir das Nachbarhaus kaufen, das auf der anderen Seite des Hofes liegt, einen Steinwurf entfernt von meinem Elternhaus. Der ursprüngliche Plan war, es zu einem Ferienhaus umzubauen. Jetzt wird es mein Refugium. Ich brauche mehr Privatsphäre. Ich brauche wenigstens ein bisschen räumlichen Abstand zu meiner Familie.

Zu meinen Plänen gehört, dass wir behindertengerecht umbauen. Sollte Martin eines Tages drüben, bei meinen Eltern, nicht mehr zurechtkommen, ist hier alles für ihn vorbereitet.

Ich trommle meine Kumpels und Cousins zusammen, wir tragen Mauern und Wände ab, legen die Balken frei, die früher die Zimmer im Erdgeschoss getrennt haben, sodass ein großer Raum entsteht. Wir bringen den Schutt, die alten, blöden Sperrholzmöbel und alles weg, was sich über die Jahre hin bei den Vorbesitzern angesammelt hat. Wir reißen die Tapeten von den Wänden und die Teppich- und Linoleum-Beläge raus. Wir schleifen die Böden, legen die Dielen frei, wir weißeln die Wände. Besonders freue ich mich über die Wandfarbe, die sich durch Zufall ergeben hat. Wie schon unsere Vorfahren habe ich die Farbe mit Kuhdung gemischt. Durch den Dung sollte verhindert werden, dass die Wasser- und Rußflecken an den Wänden durchkommen. Eigentlich hätten wir danach noch mal streichen sollen, aber die Farbe gefällt mir so gut, dass ich sie lasse, wie sie ist. Keine Sorge: nicht kackbraun, sondern ein warmes, gebrochenes Weiß. Und riechen kann man es auch nicht.

In jeder freien Minute wird gehämmert, gesägt, gestrichen.

Für meine eigenen vier Wände finde ich eine Kommode, einen Geschirrschrank für die Küche, fürs Bad eine frei stehende

Badewanne. Alle Einrichtungsgegenstände sollen gebraucht sein. Bis auf Matratzen und Bettwäsche möchte ich nach Möglichkeit nichts Neues kaufen.

Hinterm Haus bauen wir den alten Brunnen und die Mauern einer alten Mühle wieder auf. Die habe ich abgetragen und mitgenommen, als die Mühle ein Dorf weiter abgerissen worden ist. Jetzt haben sie eine neue Verwendung und erzählen ebenfalls eine Geschichte von längst vergangenen Zeiten.

Es gefällt mir sehr: dieses Bewahren, in neue Kontexte stellen und Wiederbeleben. Denn da ist sie wieder, meine Privatphilosophie der Nachhaltigkeit: aus alt mach neu. Auf dem Martinshof geht sie perfekt auf.

Ein anderer Schritt passt genau zu dem, was mich ohnehin schon lange beschäftigt: die Umstellung auf Bio. Über Nachhaltigkeit werde ich nun nicht mehr länger nur reden – ich kann endlich etwas tun. Damit kann ich der Umwelt etwas von dem zurückgeben, was ich ihr auf meinen ganzen Reisen rund um den Globus genommen habe. Ich bin hoch motiviert und erleichtert.

Es gibt viel zu tun – packen wir's an!

Wir sitzen um den großen Tisch im Esszimmer und diskutieren uns die Köpfe heiß: mein Vater, mein Bruder und ich, unsere Mutter ist auch dabei. Wir machen Pläne für die Umstellung auf Bio. Irgendwo müssen wir schließlich anfangen.

Auf dem Martinshof gibt es 120 Rinder, alle weiblich, die männlichen Tiere werden komplett verkauft. Im Schnitt haben wir 60 Milchkühe, 20 Kälber und 40 Jungtiere zwischen drei Monaten und zwei Jahren. Ein Teil der Kälber wird später selbst kalben und Milch geben, die anderen Kälber werden an den Schlachter verkauft.

Alle Tiere haben nach den Biorichtlinien ausreichend Platz, nur im Milchkuhstall nicht. Jeder Kuh stehen sechs Quadratmeter zu, davon darf maximal die Hälfte Spaltenboden sein. Der Rest muss „planbefestigt" werden, das heißt: Die Kühe haben Anspruch auf Liege- und Fressplätze. Kühe können nämlich ganz schön rabiat werden. Wenn es ihnen nicht schnell genug geht, schubsen sie sich gegenseitig aus dem Weg. Nun haben unsere Kühe zwar keine Hörner, aber Verletzungen können sie sich bei dem Gerangel schon zufügen. Dabei ist es besonders wichtig, Stress zu vermeiden, denn nur eine entspannte Kuh ist gesund und gibt Milch.

„Schaut mal", sage ich. „Wir müssen den Kuhstall modernisieren. Jeder Kuh stehen exakt sechs Quadratmeter zu."

„Wie soll das gehen?", knurrt mein Vater, mein Bruder nickt zustimmend und ich gebe den beiden recht. Es klingt wirklich wie auf dem Amt. Von dort kommt es ja auch. Doch wenn wir das Biosiegel bekommen wollen, müssen wir uns an alle Vorgaben halten und den ganzen Umstellungs-Katalog akribisch abarbeiten. Ich weiß das. Ich bin seit dem Umsteller-Seminar gut aufgestellt. Den Fahrplan, den wir dort ausgearbeitet haben, lege ich auch auf den Tisch.

„Wartet doch mal", hake ich nach und schlage Seite eins der Broschüre auf. „Biobauern sind keine altmodischen Spinner. Die kalkulieren sehr sorgfältig. Ihr dürft auch weiter auf eurem Traktor herumfahren. Kein Mensch erwartet, dass wir auf Pferdefuhrwerk umsatteln. Aber unsere Kühe brauchen mehr Platz."

„Willst du etwa den alten Stall abreißen und neu bauen?", fragt mein Vater.

„Nein", beruhige ich ihn. „Das könnten wir uns gar nicht leisten. Deshalb sag ich ja: Wir müssen den alten Stall umbauen."

„Und wie sollen wir das jemals schaffen?", motzt mein Bruder. „Wo kommen die Kühe so lange hin?"

„Und wo können wir sie melken?", fragt meine Mutter.

„Wir müssen am alten Kuhstall nichts verändern, wir müssen nur anbauen. Die Kühe können während der ganzen Bauphase im Stall bleiben. Den Außenbereich überdachen wir mit den Elementen der Ferkelhütten, das müsste gehen", lege ich nach. „Und die Kühe brauchen einen direkten Zugang zur Weide. Das ist wichtig, sonst kriegen wir das Biosiegel nicht."

Ich habe mir die Sache gut überlegt, viel rumgepuzzelt und rumgerechnet. Mein Vater und mein Bruder ziehen noch nicht so richtig mit. Merkwürdig eigentlich, denn sie haben selbst darunter gelitten: Wenn mein Vater seinen Vater mit neuen Ideen anstecken und auf dem Hof etwas verändern wollte, hat der ihn ausgebremst. Ich erinnere mich wiederum sehr lebhaft an die Kämpfe, die sich mein Bruder und mein Vater geliefert haben bei allem, was mein Bruder anders machen wollte als mein Vater. Jetzt geben mein Vater und mein Bruder diese schlechten Erfahrungen an mich weiter. Dabei müssten sie doch noch wissen, wie desillusionierend und wie frustrierend ein solcher Gegenwind ist. Dieser Frust steigert sich von Mal zu Mal. Für konstruktive Gespräche bleibt immer weniger Raum. Was mich etwas beruhigt, ist die Tatsache, dass es auf anderen Betrieben meist genauso abläuft.

Ein runder Tisch mit Ecken und Kanten

Wir müssen nicht nur den Stall umbauen, wir müssen auch das komplette Futter der Kühe auf Bio umstellen. Auf dem Martinshof halten wir es so, dass wir unsere Rinder, soweit es geht, selbst versorgen. Unsere Wiesen und Äcker liefern das Futter, Heu und Stroh. Natürlich müssen wir auch Futter dazu kaufen, vor allem Kraftfutter, aber der Grundgedanke ist, dass sich Ertrag und Verbrauch gegenseitig weitgehend tragen.

Für uns wird nun entscheidend sein, dass der Nahrungs-Kreislauf biologisch sauber ist, also: kein Mineraldünger, keine Unkraut- und keine Insektenvernichtungsmittel mehr.

Das gibt wieder Zoff! Ich komm mir vor wie ein Chefunterhändler am runden Tisch. Nur hat unser runder Tisch hauptsächlich Ecken und Kanten. Mein Vater und mein Bruder sind sich meistens einig, vor allem darin, mir Steine in den Weg zu legen. Manchmal streiten wir wie die Kesselflicker.

Ich sage: „Wir müssen aufhören mit dem Kunstdünger" – Mein Bruder sagt: „Aber dann ist der Ertrag zu gering!" – Mein Vater echot: „Martin hat recht."

Andererseits ist mein Vater auch optimistisch: „Na ja, es gibt in der Region ja auch Beispiele von Höfen, die es geschafft haben."

Es sind die immer gleichen Sätze, mit denen Martin dagegenhält. „Bio funktioniert nicht" ist ein solcher Satz, „Bio fördert Pilze und Sporen" ein anderer. Meine Favoriten sind: „Bio ist schlecht für die Umwelt" und „Wenn alle umstellen, reichen die Lebensmittel nicht."

Was ist denn das für ein Blödsinn? Ich ertappe mich dabei, wie ich den Kopf schüttele wie einer von diesen Wackeldackeln auf der Rückbank im Autoheck.

„Ja, aber wie wollt ihr denn dann den Martinshof erhalten? So wie bisher können wir nicht weitermachen, das seht ihr doch selbst. Den Hof kriegen wir nur saniert, wenn wir konsequent auf Bio umstellen und mit der konventionellen Landwirtschaft aufhören."

„Ja, klar, da kommt der weit gereiste Experte!", höhnt Martin und ich könnte platzen. Stattdessen hole ich die Unterlagen, die ich in den letzten Tagen sortiert habe. Zusammen mit meinen Notizen breite ich sie auf dem Tisch aus. Ich weiß, dass nicht meine Argumente oder meine Begeisterung überzeugen werden, sondern die nackten Zahlen.

In den letzten Jahren waren die Milchpreise besonders schlecht, die Einzigen, die Erfolg hatten, waren Biobauern. Nicht mal mein Vater und mein Bruder können die Augen davor verschließen: Bio ist der richtige Weg. Die Verbraucher wollen Bio, sie sind bereit, für gute, gesunde Nahrungsmittel mehr Geld auszugeben. Wenn sie Fleisch essen, wollen sie, dass dieses Fleisch ein gesundes Leben gehabt hat. Und die Milch soll von Kühen kommen, die es ebenfalls möglichst gut haben. Mit anderen Worten: Bio funktioniert, Bio expandiert, Bio hat Erfolg und Zukunft.

Zwei Schritte müssen wir wie gesagt durchführen: unseren Hof auf Biofutter umstellen und die Tier-Haltung so verändern, dass wir das Biosiegel bekommen. Wenn wir beides erreicht haben, können wir alles, was wir auf dem Martinshof produzieren, hochwertiger, mithin teurer und also gewinnbringender verkaufen.

Als Fotograf verdiene ich außerdem immer noch gut, habe auch etwas Geld auf die Seite gelegt: Wir haben also finanzielle Spielräume.

Die Zahlen überzeugen meinen Bruder und meinen Vater schließlich. Mein Vater wird zur treibenden Kraft. Und so beugen wir uns gemeinsam über die Tabellen: Nach der Umstellung bekommen wir für den Liter Milch 20 Cent mehr, pro Abrechnung kann das ein paar Tausend Euro ausmachen. Das potenziert sich und wir haben die Chance, endlich wieder wirtschaftlich zu arbeiten.

Also: los geht's! Die Anforderungen sind schwarz auf weiß aufgelistet. Das wird uns die nächsten Monate auf Trab halten.

Wir stellen um auf Bio

Und dann geht's endlich richtig los. Im Sommer 2016 fangen wir an. Mit kleinen Baggern heben wir die Erde für den Anbau und den Unterstand aus. Wir schuften und schuften wochenlang. Wieder bitten wir Freunde und Familie um Unterstützung. Alle helfen zusammen, es zeigt sich: Gemeinsam stellt man mehr auf die Beine. Landwirtschaft ist Teamarbeit.

Bis zu zehn Mann turnen zum Teil auf den Gerüsten rum. Mein Bruder karrt mit dem Traktor das ganze Baumaterial ran, meine Mutter kocht für ein ganzes Bataillon. Nebenher muss der normale Betrieb weiterlaufen: füttern, misten, melken, auf die Weide treiben, in den Stall zurücktreiben, füttern, misten, melken und immer so weiter.

Immerhin ist die Umstellung der Ackerflächen auf biologischen Anbau ausnahmsweise mal nicht so kompliziert: Wir verwenden ab jetzt Biosaatgut. Mineralischer Dünger und synthetischer Pflanzenschutz sind in Zukunft tabu. Das Unkraut rupfen wir entweder per Hand aus, und zwar zu einem Zeitpunkt, an dem die Pflanzen noch nicht ausgesamt haben, oder wir benutzen unser neues Arbeitsgerät, den Striegel, der das Unkraut im Keimstadium rauszupft. Martin hängt ihn an seinen Traktor an und fährt damit über die Äcker. Denn wenn wir das Unkraut nicht rechtzeitig entfernen, zusammen mit dem Getreide ernten, in einen Topf werfen und den Rindern ins Futter mischen, scheiden sie die Samen der Unkräuter später wieder aus und wir bringen sie zusammen mit dem Dung auf den Feldern aus. Ist ja klar, worauf das hinausläuft: auf den ewigen Teufelskreis. Den müssen wir unterbrechen. Die Zukunft wird uns lehren, dass wir noch viel ändern und umdenken müssen. Ganz so einfach sollte es nicht sein. Immer noch haben wir mit Unkräutern erhebliche Probleme.

Überhaupt müssen wir über Kreisläufe viel mehr nachdenken: Wo greift was ineinander? Was davon ist gut? Wo müssen wir umpolen, um nachhaltig etwas zu verändern?

So kompliziert es auf der einen Seite ist, so einfach ist es manchmal auf der anderen: Die Weideflächen mähen bei uns die Kühe. Sie fressen das Gras, werden satt – auf diese Weise haben alle was davon.

Wir brauchen eine gesunde Herde

Mit diesen Veränderungen sind die groben Koordinaten der Umstellung geschafft, aber das ist noch längst nicht alles. Ich möchte unsere Tierhaltung grundsätzlich verändern. Die Kühe auf dem Martinshof waren lange Zeit eher mager und verdreckt. Sie wurden im mehrfachen Sinne des Wortes gemolken. Das muss sich ändern. Ich setze durch, dass unsere Rinder öfter frisch eingestreut bekommen, dann stehen sie nicht so feucht, das ist besser für die Klauen, fürs Fell, für den gesamten Gesundheitszustand. Außerdem macht so eine satte, goldgelbe Stroheinlage auch optisch mehr her. Wenn das Stroh nicht verschmutzt ist, versauen sich die Tiere nicht das Fell, sobald sie sich hinlegen.

Und weil wir ja schon so im Alles-neu-macht-der-Mai-Modus sind, verbessern wir im Zuge der Umstellung auch gleich noch das Futter und etablieren feste Futterzeiten. Inzwischen geben wir einmal am Tag immer die gleiche Menge frisches Futter. Es muss schon einiges los sein, dass wir diese festen Zeiten um ein, zwei Stunden verschieben. Eine Kuh bekommt nun auch mehr Nährstoffe, wenn sie das braucht, etwa weil sie gerade gekalbt hat. Dann wird mehr Kraftfutter beigemischt. Das bedeutet aber auch: Es wird erst mal wieder teurer.

Dazu kommt die Arbeitszeit, die auch Geld ist – man muss die Umstellung auf Bio mit allen Konsequenzen wollen.

Wieder müssen wir in Vorleistung gehen und reinbuttern, aber die Vorteile sind nicht von der Hand zu weisen und mittlerweile ist sogar Martin davon überzeugt, dass es sinnvoll ist: Den Kühen sieht man die Umstellung schnell an, ihr Fell ist glänzender, sie haben mehr Fleisch auf den Rippen, sie sind fruchtbarer und gesünder. Sie geben langfristig mehr Milch. Denn es ist nicht nur ausschlaggebend, wie viele Liter Milch eine einzelne Milchkuh Tag für Tag gibt – darüber wird penibel Buch geführt. Es kommt auf das Gesamtbild an.

Das Prinzip der Milchproduktion geht so: Die Kuh denkt, sie habe ein riesiges, wahnsinnig hungriges Kalb und produziert immer mehr Milch. Wenn sie dann aber nicht mehr trächtig wird, weil sie ausgelaugt ist, hat keiner etwas davon. Der Wert der Milch, also das, was wir dafür bekommen, wird zudem nicht nur aus der Menge errechnet, sondern auch nach dem Eiweiß- und Fettgehalt. Den bemisst die Molkerei. Ist mehr Fett und Eiweiß drin, ist die Milch ertragreicher, dann gibt es einen Zuschlag, bei weniger einen Abschlag. Das wird alles ganz genau nachgeprüft.

Zum Vergleich: Es gibt Rekord-Kühe, die über 10.000 Liter Milch geben. Was die für Euter mit sich rumschleppen müssen – dafür sind Kühe nicht gebaut. Das Ergebnis: Ihre Lebensdauer ist viel kürzer. Zudem haben sie oft weniger Fett und Eiweiß in der Milch. Solche Kühe müssen über die komplette Dauer der Milchabgabe besonders gut mit Energie versorgt werden. Sonst kann es zu einer Stoffwechselstörung kommen, die sich sehr negativ auf die Fruchtbarkeit und Gesundheit auswirkt. Die Energie, die im Grundfutter steckt, reicht meist nicht aus. Also muss Futtermittel zugekauft werden. Das muss also unbedingt in die Kalkulation mit rein: nicht nur, wie viele Liter Milch eine Kuh bringt, sondern eben auch, wie gut sie lebt. Denn das entscheidet darüber, wie lange sie lebt.

Mein Ziel ist es, Kühe im Stall zu haben, die solide ihre 7.000 bis 8.000 Liter im Jahr geben, dabei gesund sind und möglichst lang leben. Darin liegt für mich die Wirtschaftlichkeit. Da wir auf dem Martinshof aber schwarzbunte Milchkühe halten, die dafür gezüchtet wurden, sehr viel Milch zu geben, müssen wir darüber nachdenken, sie mit Rinderrassen zu kreuzen, die weniger Milch geben.

Außerdem können wir auf diese Weise an einem größeren Prozess mitwirken, der mir sehr wichtig ist. Auch in der Landwirtschaft müssen wir von der einseitigen Nutznießung und Ausbeutung wegkommen. Wir können uns nicht weiterhin an der Natur, den Böden, den Tieren einfach nur bedienen. Wir müssen damit aufhören, unser Vieh als Material zu betrachten. Das war noch nie und ist heute erst recht nicht mehr ethisch, ökologisch oder ökonomisch zu vertreten. Es ist einfach falsch.

Die Stadtmaus und die Landmaus

In diesen Jahren der Umstellung, zwischen 2016 und 2018, jette ich noch zwischen Hof und Set, zwischen Land und Stadt, zwischen Kamera und Kühen hin und her. Es gibt Wochen, da hüpfe ich aus dem Stall direkt unter die Dusche, düse nach Würzburg, um von dort den Zug nach Hamburg zu nehmen, weil ich einen Fototermin im Studio habe.

Da treffen die Extreme aufeinander – passt ja zum extremen Auf und Ab meines derzeitigen Lebens: Erst stiefelst du durch Kuhmist und schaust in braune Kuhaugen, wenige Stunden später sollst du perfekt gestylte Haare über perfekt getuschten Wimpern perfekt ablichten. Die stylishen Menschen passen so wenig zur Arbeit im Stall und auf den Feldern wie die Küsschen-Küsschen-Rhetorik zum wortkargen, unverblümten Umgangston auf dem Dorf. Landwirtschaft ist schmutzig. Logisch! Wo viele Tiere sind, gibt's viel Mist. Kühe zum Beispiel scheißen, wo sie gehen und stehen. Mistest du den Stall aus, streust eine frische Lage Stroh ein, kannst du dir sicher sein, dass hinten schon wieder eine einen Fladen abgeworfen hat, bis du vorne fertig bist. Der beißende Stallgeruch bleibt in jeder Faser hängen. Wenn du Zeit deines Lebens auf dem Hof gearbeitet hast, riechst du den nicht mehr.

Das Leben in Rüsselhausen ist Lichtjahre entfernt von Maniküre, Lichtjahre entfernt von Mode und Style. Auf dem Hof ist es vollkommen egal, was du anhast und wie du aussiehst. Dass man sich mal schicker anzieht? Wozu? Es sieht einen ja eh niemand außer den Rindviechern. Im Stall tragen wir Overalls, grobe, warme Jacken, Mützen auf dem Kopf, das ist wichtig, beim Melken klatscht dir schließlich gerne mal ein Kuhschwanz ins Gesicht. Und was hängt da dran? Genau. Muss man nicht unbedingt in den Haaren kleben haben. Warum sollten unter den Mützen die Frisuren sitzen? Es ließe sich endlos so fortsetzen. Ich muss an das Kinderbuch *Die Stadtmaus und die Landmaus* denken, in dem die Welten aufeinanderprallen und eine die andere nicht richtig versteht. Ich gebe beide Mäuse in einer Person.

Allein die so unterschiedlichen Tagesabläufe: In Rüsselhausen stehe ich früh auf, Zähne putzen, schnell einen Kaffee trinken, in Jogginghose und Schlappen über den Hof, rein in die Stallklamotten – der Tag beginnt mit Melken und Füttern. Wie ich aussehe, interessiert niemanden.

Wenn die Tiere versorgt sind, im Sommer auf der Weide stehen, gibt es für mich Frühstück. Später erledige ich, was gerade ansteht, Bäume schneiden, Maschinen reparieren, mähen, räumen, ernten, fegen, schnell was zu Mittag essen, weitermachen, aufs Feld fahren, neue Obstbäume pflanzen,

Beeren pflücken, und, und, und – und immer nach den Tieren schauen, schließlich die Abendprozedur: Die Kühe von der Weide in den Stall zurücktreiben, melken, Scheiße schippen, füttern, selbst noch kurz was essen.

Bei Tisch sitzen wir mehr oder weniger stumm beisammen, besprechen noch kurz, was für den nächsten Tag ansteht, vielleicht noch ein bisschen lesen, ab und an treffe ich Freunde. Am Abend falle ich todmüde ins Bett. Spätestens um zehn Uhr abends geht das Licht aus. Und ewig grüßt das Murmeltier! Schon bald ist mein Leben auf dem Land Routine, aber zugleich ist es jeden Tag anders: Die Tiere sind wie wir Menschen jeden Tag anders drauf, die Arbeit ist unterschiedlich, das Wetter und die Jahreszeiten diktieren dir, was zu tun ist. Wie lange ich mir für welche Aufgabe Zeit nehme, entscheide ich selbst.

Ganz anders beim Fotografieren: Ich stehe in der Frühe auf, mache mir erst mal in aller Ruhe einen Kaffee, dann überlege ich, was ich anziehe. Im Studio treffe ich meine Kolleginnen und Kollegen. Meistens kennen wir uns schon seit Jahren und verstehen uns sehr gut. Wir plaudern, wir erzählen uns in Steno von den letzten Wochen, wir lästern und lachen, albern ein bisschen rum, dann legen wir los. Hoch konzentriert und sorgfältig. Ich schieße Bild um Bild, genau nach Ansage beziehungsweise Absprache, je nachdem, was meine Auftraggeber wollen. Ich muss mich strikt an Zeitpläne und Kalkulationen halten. Nach der Produktion gehen wir meistens noch was essen, vielleicht im Anschluss in eine Bar. Es wird spät und später. Nachts falle ich todmüde ins Bett – aber so anders müde als in Rüsselhausen. Auf dem Hof sind die Muskeln müde. In Hamburg ist der Kopf leer.

Und immer bin ich zerrissen. Und immer ruft das Leben, das ich gerade nicht führe: Scheint in Hamburg die Sonne, denke ich, dass ich eigentlich in Rüsselhausen sein und auf dem Feld mithelfen sollte. Stehe ich in Rüsselhausen im Stall, fällt mir siedendheiß ein, dass ich das Studio noch nicht zurückgerufen habe und dringend meine Lichtbestellung abgeben muss für das nächste Shooting. Und habe ich überhaupt schon die letzte Rechnung geschrieben?

Die eine Welt schwappt in die andere hinein. Wobei es auch Berührungspunkte und Überschneidungen gibt. Dann steht die eine Welt der anderen in nichts nach. Stichwort Klatsch und Tratsch: Ob im Dorf oder in einer Redaktion, einem Studio oder einer Agentur – die Mechanismen sind die gleichen. „Hast du schon gehört? Der Dings hat sich von seiner Frau getrennt und ist mit dieser Jungen zusammen!" – „Mit einem Jungen, im Ernst?!" – „Nein, nicht mit eine*m Jungen,* mit eine*r Jungen,* mit der Dings, wie heißt sie noch gleich?"

Es ist wie bei Loriot! Jeder kennt jeden, jeder redet über jeden, der schöne Brauch der üblen Nachrede hat hier wie dort Hochkonjunktur.

Und wer kennt sich richtig gut damit aus und grinst sich eins? Ich, denn oft profitiere ich von den beiden Welten und wende die Erfahrungen aus der einen in der anderen an. Dass ich handwerklich geschickt bin und gut improvisieren kann, hat mir schon oft am Set geholfen. Dass ich mich mit, sagen wir mal, komplizierten Individuen halbwegs gut auskenne und Befindlichkeiten trapsen höre wie die berühmte Nachtigall, kommt mir wiederum in Rüsselhausen zugute. Komplizierte Individuen wurden, glaube ich, auf dem Dorf erfunden.

Wüsste ich nicht, dass man sich dann einfach mal umdrehen und in eine andere Richtung schauen muss, würde ich noch öfter die Wände hochgehen, als ich es ohnehin schon tue. Hier wie dort mache ich allerdings keinerlei Abstriche, wenn es darum geht, meine Kreativität und meinen Sinn fürs Schöne nach Herzenslust und so oft es geht auszuleben.

Eine Sache hat sich in der Zeit, seit ich mehr auf dem Hof bin, allerdings grundlegend geändert: Meine Sicht auf die Landwirtschaft. Ich bin nun auf der anderen Seite und muss mich fast täglich mit den Problemen eines Landwirts auseinandersetzen: Wie schaffe ich es, wirtschaftlich zu sein? Was passiert, wenn das Wetter nicht mitspielt? Wie stark greifen Auflagen in mein tägliches Berufsleben ein?

Und ich habe gesehen, wie ungerechtfertigt viele Anschuldigungen sind. Wie unreflektiert über vieles berichtet wird und wie leichtgläubig viele meiner Freunde sind.

Nehmen wir das Beispiel Gülle. Viele sind der Meinung, dass sie generell die Böden und unser Grundwasser verschmutzt. Das ist aber falsch! Sie ist einer der wichtigsten Bausteine der biologisch dynamischen Landwirtschaft. Sie ermöglicht uns, auf mineralische Dünger zu verzichten. Wenn die Kreisläufe stimmen, ist sie unbedingt als positiv zu bewerten. Richtig ist aber auch, dass falsch und zu viel ausgebrachte Gülle natürlich für die Verschmutzung unseres Grundwassers verantwortlich ist.

Es gibt keine Berufsgruppe, die so pauschal verurteilt wird wie Landwirte. Und leider stehen meist nur die schwarzen Schafe unter ihnen im Fokus.

Wenn ich nicht auf dem Hof bin, unterhalte ich mich also immer mehr über die Landwirtschaft. Ich merke, dass den Menschen viele Zusammenhänge einfach nicht klar sind und sie sich schlicht nicht mehr auskennen. Früher hatte jeder noch einen Opa oder Onkel, der ein bisschen Landwirtschaft betrieb. Diese Verbindung ist heutzutage weitestgehend verloren.

Diese Unwissenheit kann einen sogar vors Gericht bringen.

Einem befreundeten Bioland-Bauern wurde von einer Tierschutzorganisation vorgeworfen, er würde seine Herde Bisons vernachlässigen.

Die Bisons leben ganzjährig auf der Weide, fast wie in freier Wildbahn. Da im Winter bei uns nichts wächst, füttert er zu. Wasser ist immer vorhanden. Trotzdem hielt eine junge Frau die Weide im Winter für eine Zumutung, da sie den Boden für zu matschig hielt. Sie wollte außerdem beobachtet haben, dass die Tiere mit ihrem eigenen Mist gefüttert wurden. Also zeigte sie ihn an.

Das teure Verfahren wäre vermeidbar gewesen, wenn sie den Dialog gesucht hätte. Der vermeintliche Mist war einfach nur Grassilage. Die fressen Kühe im Übrigen sehr gern.

Wollen die mich provozieren?

Das Telefon klingelt. Meine Mutter ist dran. „Gerd, der Kaffee steht auf dem Tisch." Das ist auch so etwas, das ich nicht begreife: dass meine Familie mich *anruft,* ich weiß doch, wann es Kaffee oder Mittagessen gibt. Ich gehe die paar Schritte rüber, im Esszimmer sind alle um den großen Tisch versammelt.

Mein Bruder dreht wie gewohnt auf dem Fitnessrad seine Runden. Festgeschraubt. Das bewundere ich an ihm: Er lässt sich nicht gehen. Immer noch fährt er auf dem Traktor, beackert die Felder, verteilt das Futter. Trotzdem. Martin und ich liegen uns gerade wieder in den Haaren, keiner ist mehr bereit, den ersten Schritt zu gehen. Er gibt sein Privatgeld aus für eine Anhängerkupplung fürs Güllefass.

„Warum machst du das?", frage ich. „Das ergibt überhaupt keinen Sinn. Nimm das Geld doch aus unserer Landwirtschaftskasse. Wenn wir was für den Hof anschaffen, musst du das nicht aus deinem eigenen Geldbeutel bezahlen."

Als habe er nur darauf gewartet, haut Martin mit der Faust auf den Tisch. „Hör du doch auf, mir immer zu sagen, was richtig und was falsch ist! Das ist mein Geld! Ich brauche diese Kupplung, sonst diskutieren wir wieder ewig rum ..."

„Brauchst du nicht!", falle ich ihm ins Wort. „Viel sinnvoller ist doch, uns die Anhängerkupplung auszuleihen."

„Genau das meine ich!", schreit mein Bruder. „Das geht dich nichts an! Wenn ich das haben will, kaufe ich es."

„Wie oft fahren wir mit dem Fass denn raus?", schreie ich zurück. „Zwei-, dreimal im Jahr? Wilhelm vom Apfelhof hat doch längst zugestimmt. Dafür helfe ich mal wieder beim Melken und gut is'!"

Martin ballt die Fäuste, jetzt schaltet sich mein Vater ein. Danach kann man die Uhr stellen.

„Lass den Martin selbst entscheiden. Der ist für die Felder und die Äcker zuständig. Dein Bereich sind die Ställe und das Vieh. Martin weiß schon, was er tut."

Ich knalle die Gabel auf den Teller und springe auf. Ich muss an die Luft. Ich muss raus hier! Als würden sie sich absprechen und hätten vorher ihren Text eingeübt.

Und als würde ich gegen sie arbeiten!

Dass ich Martin ein Dorn im Auge bin – okay. Es ist ein Wahnsinnskonflikt, in dem wir stecken, zigfach erzählt: der Kampf unter Brüdern. Geben wir die Rückkehr des verlorenen Sohnes oder doch eher Kain und Abel? Der Thronfolger stürzt jedenfalls vom Thron. Die Eltern schützen ihn. Bis dahin kann ich mitgehen. Aber mit dem, was mir unterstellt wird, nicht.

Diese unterschwelligen Vorwürfe: als würde ich meinem Bruder etwas wegnehmen. Vielleicht braucht es deshalb ja diese Auseinandersetzungen, speziell mit meinem Vater. Vielleicht ist das seine Art, meinen Bruder zu verteidigen?

Es kostet wahnsinnig viel Kraft und manchmal geht mir die Puste aus. Ich fühle mich als Fremdkörper innerhalb meiner Familie, und vielleicht bin ich das auch wirklich. Schließlich stimmt es ja: Ich habe ein völlig anderes Leben geführt, war weit weg, habe ganz andere Arbeitsbedingungen kennengelernt, Freiheit, auch Aufschneiderei. Meiner Familie ist so etwas nie begegnet. Sie können nichts davon nachvollziehen. Sie sind, was meine Erfahrungen betrifft, außen vor.

Sie wären in meinem alten Umfeld so fremd, wie ich mich nun immer wieder bei ihnen fühle. Ich will jetzt nicht auf der Nummer Ich-bin-der-Mann-von-Welt rumreiten. Aber dass ich mehr gesehen habe als meine Familie, dass mein Horizont, auch was andere Menschen, andere Kulturen, andere Liebes- und Lebenskonzepte betrifft, weiter und größer ist, steht außer Frage. Manchmal kommt mir dieser Unterschied an Erfahrungen unüberbrückbar vor, vor allem, wenn ich den Eindruck habe, sie werfen mir meine Erfahrungen vor, anstatt davon zu profitieren. Das wäre schließlich auch eine Möglichkeit.

Ich ziehe meine Arbeitsschuhe an und stapfe hinterm Haus den Berg hoch. Der Blick öffnet sich bis zum Horizont. Die Wiesen und Äcker gehören zum Teil uns, zum Teil haben wir sie dazugepachtet. Auch hier sieht man, was sich inzwischen verändert hat. Die letzten Jahre habe ich einen Teil der Obstbäume beschnitten, noch sieht es etwas wild aus, weil die Bäume so zerrupft sind, aber es wird schön werden: gebändigte Wildnis. Kulturlandschaft eben.

Bald ist es so weit, dann können die Rinder wieder auf die Weide. Darauf freue ich mich jetzt schon. Im Frühling und im Sommer ist es hier am schönsten: glückliches Vieh, glücklicher Mensch. Na ja: glücklich ...

Die Nachbarin läuft mit ihrem Hund vorbei und grüßt. Immerhin einer, der sich freut – der Hund.

Bis heute meine ich zu bemerken, wie die ganze Familie innerlich die Augen verdreht, wenn ich wieder mit einer Idee ankomme. Wenn ich frage: Was haltet ihr davon, selbst gemachte Marmelade bei einem Hof-Flohmarkt mit Bewirtung zu verkaufen? Wollen wir übers Käse-Machen nachdenken? Wärt ihr dabei? – dann sehe ich über ihren Köpfen Sprechblasen, in denen steht: „Oh, Kerle! Wer hat dir bloß wieder ins Hirn geschissen?“

Manchmal ist das, wie gegen Wände zu laufen. Klar, meine Eltern haben ihr Leben lang ihr Ding gemacht und jetzt komme ich daher und erklärt ihnen die Welt? Ihren Job? Ihr Leben? Das braucht niemand. Außerdem haben sie die Erfahrung gemacht, wie es ist, mit neuen Ideen zu scheitern

Und es stimmt: Mir fällt tatsächlich oft etwas Neues ein, das ich dann möglichst schnell realisieren will. Man denke nur an die Renovierungsarbeiten am Hof. So gesehen bin ich doch ein Träumer. Ich sehe die Möglichkeiten und male sie mir zu ganzen Bildern aus. Genau das ist mein Motor, um hier weiterzumachen.

Geschafft!

Als ich selbst schon gar nicht mehr so richtig daran glaube, ist es doch so weit. Im Juni 2017 ist der große Tag da: Der Prüfer der unabhängigen Kontrollstelle ABCERT schaut sich den Martinshof an.

Sechs Monate zuvor bin ich bei Arbeiten am Scheunendach noch abgestürzt. Ein typischer Arbeitsunfall: Es stehen die letzten Handgriffe an, man denkt, das macht man jetzt noch schnell, die Konzentration lässt nach – und schon passiert es. Kopfüber bin ich auf den Betonboden gekracht. Das hätte weiß Gott wie ausgehen können, ich hatte Glück und habe mir nur einen Halswirbel angebrochen. „Mensch, Junge, da hast du aber einen Schutzengel gehabt“, sagt die Notärztin, bevor sie mich auf die Liege packt und in den Krankenwagen schiebt.

Sie hat recht. Ich versuche, etwas Druck aus den letzten Arbeiten zu nehmen, das Tempo zu drosseln, die anderen und mich selbst nicht nur anzutreiben. Niemand hat etwas davon, wenn jemand wirklich ausfällt.

Nach dem Klinikaufenthalt muss ich einige Zeit mit Halskrause über den Hof stiefeln. Doch das ist inzwischen vergessen. Aber den Schutzengel – den wünsch ich mir auch für den Martinshof und ganz besonders für die Prüfung.

Ansonsten verleiht auch Adrenalin Flügel: Am Abend vor dem Prüftermin ist alles aufgeräumt und geputzt. Es blitzt und blinkt. Carmen kommt vorbei, sie hat Kuchen gebacken. Meine Mutter hat die Melkkammer auf Vordermann gebracht, ich habe jede einzelne Kuh gewaschen, jetzt stehen sie fit und schön im neu gebauten Unterstand. Nachher treiben wir sie auf die Weide. Sie kennen den Weg, genau das soll der Prüfer sehen: Unsere Herde steht nicht nur im Stall. Sobald es geht, dürfen die Tiere raus ins Freie.

Wir sind alle aufgeregt. Endlich klingelt es. Meine Mutter reißt die Tür auf: „Guten Tag! Kommen Sie doch rein!"

Auch drinnen ist alles auf Hochglanz poliert, inklusive uns selbst: Geschniegelt und gestriegelt stehen wir im Flur.

Der Prüfer stürzt den Kaffee runter, dann geht er mit meinem Vater und mir zu den Ställen. Er schaut sich die Kühe an. Er will sehen, was wir verfüttern. Er fragt, wie viel Milch unsere Herde gibt, er kontrolliert die Melk-Tabellen. Er schaut sich die Klauen und Euter der Kühe an, er lobt den Zustand der Tiere. Langsam normalisiert sich mein Puls. Langsam entspanne ich mich.

Sogar das Wetter spielt mit: Die Sonne scheint, der Himmel ist strahlend blau, die Luft flirrt, die Vögel zwitschern. Mein Kater scharwenzelt und schnurrt dem Prüfer um die Beine.

Auf dem Weg zur Weide scherze ich sogar mit ihm und mein Vater und ich rempeln uns freundschaftlich an, als wir gleichzeitig durchs Gatter auf die Koppel drängeln.

„Gut gemacht“, sagt der Prüfer, nachdem der Rundgang beendet ist. „Ich gratuliere!“

Er drückt uns eine Bescheinigung in die Hand, und als endlich, endlich in meinem Kopf ankommt, was ich da sehe, den Stempel mit Unterschrift, fällt der ganze Druck der letzten Monate von mir ab. Ich bin einfach nur froh, dass es endlich so weit ist. Auch meine Familie ist erleichtert. Der Martinshof darf sich nun Bioland-Hof nennen.

Im Sommer 2017 ernten wir das letzte Getreide vor der endgültigen Bioumstellung: Jetzt ist der letzte Rest Pflanzenschutz aus dem Kreislauf draußen. Alles ist sauber. Ab Januar 2018 können wir Biomilch liefern. Alles, was wir von nun an auf dem Martinshof produzieren, stammt aus biologischem Anbau. Mit Brief und Siegel.

Bei der ersten Abrechnung nach der Umstellung, die wir von der Molkerei bekommen, kippe ich fast aus den Latschen. Ich kann selbst kaum glauben, was da steht. Wir bekommen für dieselbe Menge gelieferter Milch und für dieselbe Arbeit ein Drittel mehr. 4.000 Euro plus. Zum ersten Mal seit vielen Jahren ist Land in Sicht.

Abendstund hat Gold im Mund

Und wieder ist es Abend. Und wieder steige ich in Overall und Gummistiefel. Ich schnappe mir die Mistgabel und den Schieber und gehe in den Stall. Meine Mutter und mein Vater stehen im Melkstand. „Kommt!“, ruft meine Mutter, „kommt, kommt, kommt!“ Die Kühe kennen das und trotten Abend für Abend fast von selbst zu ihnen. Schließlich wollen sie ihre Milch loswerden. Und sie wissen, dass nach dem Melken die Futterrinnen wieder gefüllt sind.

Wir arbeiten Hand in Hand. Man hört nicht viel mehr als die Rufe meiner Mutter und das Gluckern der Melkmaschinen.

Es ist die Zeit, in der wir unseren Tieren am nächsten sind. Mir ist das wichtig. Im Melkstand sehe ich jedes einzelne Tier. Und Kühe erzählen dir alles. Sie erzählen dir, wenn sie Schmerzen beim Gehen oder Stehen haben. Sie sind dann langsamer oder gehen einfach nicht so rund. Sie erzählen dir, wenn mit den Klauen etwas nicht in Ordnung ist oder wenn sie eine Euterentzündung haben. Das sieht man. Das riecht man. Du musst deine Kühe einfach nur beobachten, dann weißt du, wie es ihnen geht.

Nach dem Melken am Abend ist der Milchcontainer fast voll. Ich habe inzwischen im Kälberstall die wenige Tage alten Kälbchen aus dem Eimer mit Milch versorgt. Sie stupsen mich mit ihren Köpfen an, rempeln mir fast den Eimer aus der Hand, ich halte ihnen meinen Finger hin, sie fangen an, wie verrückt zu saugen, und ich führe ihren Kopf mitsamt meiner Hand Richtung Eimerboden, in die Milch, bis sie selbst trinken.

Im Stall haben meine Eltern derweil die Melkmaschine ausgestellt. Man hört nichts als das Kauen und Mahlen der Kühe und das leise Klirren von Metall.

Tiefer Frieden, große Zufriedenheit.

Das Tagwerk ist getan.

»Ich kann
gut mit

TIEREN.«

ICH BIN BIOBAUER

Neue Rinder für den Martinshof

Es gibt eine Kindheitserinnerung, die ich mir jederzeit ins Gedächtnis rufen kann, und dann bekomme ich noch heute vor Aufregung Gänsehaut: Der Tag, an dem mich mein Vater zu einer Viehauktion mitnahm. Das war schon deshalb etwas ganz Besonderes, weil es einer der raren Momente war, in denen er und ich zusammen etwas unternahmen. Nur wir beide, ganz allein. Und dann auch noch eine Viehauktion – das reinste Abenteuer.

Damit nicht genug, war der Ausflug auch deshalb ein Ereignis, weil dort eine Folge von *Die Fallers* gedreht wurde. Nie gehört? Das ist *die* Bauern-Fernsehserie, *Lindenstraße* für Landwirte. Als Kind dachte ich immer: Lustig, die erzählen ja von uns. Erst 2011 wurde die Serie über eine Familie auf einem Bauernhof im Schwarzwald eingestellt. Bis dahin hat sie ein Millionenpublikum begeistert. Mich auch. Trotz aller Klischees. Da laufen die Bäuerinnen, zumindest die Älteren, Tag für Tag im Dirndl rum. Und die Jungen, die Coolen, die tragen – Cowboyhüte. Warum auch immer! Wahrscheinlich haben die alle zu viel *Dallas* geschaut.

Bei der Viehauktion damals waren jedenfalls echte Schauspielerinnen und Schauspieler dabei, das war natürlich aufregend. Ich holte mir mit meinen 12, 13 Jahren noch Autogramme, mit klopfendem Herzen und schweißnassen Händen ...

Aber auch ohne das Fernsehen wäre die Kulisse beeindruckend gewesen: Ein Platz war abgesperrt, Züchter aus dem ganzen Landkreis fuhren mit ihren Anhängern vor. Die Zuchttiere wurden auf den abgesteckten Platz getrieben. Ob Bullen, Kühe oder Kälber, alle standen ordentlich in Reih und Glied und waren herausgeputzt wie Models bei einer Modenschau.

Dafür, dass sie das nicht gewohnt waren, verhielten sich die Tiere erstaunlich ruhig. Hinter ihnen, genauso in Reih und Glied, standen Bauern, wahrscheinlich die Besitzer. Ein Bild, das sich mir tief einprägte, und ich glaube, dass ich schon als Kind dachte: „Das könnte etwas für mich sein." Diese Seite der Landwirtschaft faszinierte mich sehr. Mit Auktionskatalogen und gewichtigen Mienen liefen die Kaufinteressenten herum. Sie schauten sich die Tiere an, fachsimpelten mit den Verkäufern, anscheinend kannte hier jeder jeden. Alle studierten die Angaben: Rasse, Stammbaum, Alter, Gewicht, Größe, Milchmenge – alles, was den Wert eines Tieres ausmacht, war im Katalog verzeichnet.

Nach und nach wurden die Tiere in den Auktions-Ring geführt – und dann saßen sie alle da, die Männer, in ihren karierten Hemden, und schwitzten und gaben Zeichen mit dem Katalog. Das Ganze ging erstaunlich ruhig vonstatten. Wer mitbieten wollte, zeigte das dadurch an, dass er den Katalog hochhob. Der Auktionator gab den Zahlenstand durch. Nach außen Pokerface, aber innen brodelte es.

Gut zwei Jahrzehnte später bin ich wieder auf dem Weg zu solch einer Auktion – aber nicht im karierten Hemd, sondern in kurzer Hose und Ringel-Shirt. Es ist der Sommer 2016, es ist heiß, mein Vater und ich fahren nach Münster zur „European Wagyu Gala".

Denn auch das gehört zu meinen Plänen für den Martinshof dazu: Ich möchte mit etwas Neuem beginnen. Im Zuge der Umstellung auf Bio arbeiten wir nicht nur daran, dass unsere Herde gesünder wird – ich habe noch ein Ziel: Ich möchte langfristig die Gewichtung verschieben, weg von der Milchwirtschaft, hin zu mehr Fleischwirtschaft. Das heißt: weg von den Schwarzbunten, hin zu einer Rasse, die in Deutschland zu der Zeit noch nicht so bekannt ist: die Wagyu-Rinder. Ich möchte eine Wagyu-Herde aufbauen. Das geht mir schon länger im Kopf herum.

Meine Begeisterung für das Fleisch von Wagyu-Rindern ist schon alt. Das erste Mal aß ich Wagyu auf Sylt, das war unglaublich lecker. Zu der Zeit assistierte ich ganz frisch und hätte mir nicht vorstellen können, den Hof eines Tages zu übernehmen. Das zweite Mal sah das schon anders aus, da war ich zwar noch in den USA, habe aber schon darüber nachgedacht, zurückzugehen. In einem argentinischen Restaurant in New York aß ich ausgezeichnetes Fleisch und fragte den Kellner, wo das denn her sei? Antwort: von Wagyu-Rindern aus Amerika.

Ich dachte mir: Wenn die Tiere in den USA leben können – warum dann nicht auch bei uns? Ich musste nur kurz googeln, schon hatte ich die Antwort und einen Züchter in Deutschland aufgetan.

Die Wagyus kommen ursprünglich aus Japan, übersetzt heißt Wagyu: japanisches Rind. Wagyus sind kurzbeiniger als die Schwarzbunten, etwas stämmiger, sie sind – da ist es wieder – schön, mit ihrem dunkelbraunen, fast schwarzen Fell und den freundlichen dunklen Augen. Wagyu-Rinder sind umgänglich. Sie brauchen einen Lebensraum, der unseren Hof weiterhin konsequent in die Bioreform zwingt: Sie brauchen Platz in ihren Boxen. Sie müssen sauber in reichlich Stroh stehen. Und sie verbringen sehr viel Zeit auf der Weide. Das heißt: Eigentlich brauchen sie das alles nicht, in Japan ist die Wagyu-Haltung anders. Die Tiere würden auch ohne den „Luxus“ wachsen und gedeihen. Aber weil man das Fleisch teurer verkaufen kann, können wir anders kalkulieren und ihnen all diese Dinge gönnen.

Außerdem bin ich von einer Sache überzeugt: Die Zukunft liegt einerseits in der Konzentration, andererseits darin, immer wieder neue Ideen zu entwickeln und umzusetzen. Nicht um der Neuheit willen, sondern um das Leben langfristig für uns alle einfacher zu gestalten und dabei immer am Ball zu bleiben.

In dem Moment, wo wir keine Milchwirtschaft betreiben, sind wir zeitlich unabhängiger und weniger eingespannt. Wir müssen nicht mehr so lang in den Stall. Wir müssen zwar noch füttern und misten, klar, aber wir können die Arbeitszeiten lockern.

Mich juckt es jedenfalls schon wieder in den Fingern. Das Motto: neue Rinder für den Martinshof. Und darum sind mein Vater und ich in Münster.

Zukunft Wagyu

Die Stimmung im Auto ist nicht gerade euphorisch. Mein Vater hält meine Idee für Quatsch. Wie könnte es anders sein.

„Du willst 30.000 Euro für ein Rindvieh bezahlen? Ja, spinnst du denn?!“, wettert er. „So viel Fleisch kannst du doch gar nicht verkaufen, damit du das wieder einspielst!“

Ich weiß, ich weiß. Die Vorstellung, für ein Tier so viel Geld auszugeben wie für einen Mittelklassewagen, mit Sitzheizung wohlgemerkt, klingt verrückt. Aber das nennt man Investition in die Zukunft. Mir kommt es jedenfalls weniger verrückt vor, als im Akkord immer noch mehr und noch mehr zu schuften und den eigenen Zielen hoffnungslos hinterherzurennen, weil längst klar ist, dass auf diesem Weg langfristig nur Schaden begrenzt, aber nicht genug Gewinn gemacht wird. Dann doch lieber etwas anderes, Neues riskieren! Zumal es ja kein Sprung ins Bodenlose ist. Gute bis sehr gute Restaurants und Endverbraucher, die online kaufen, sind bereit, für Wagyu-Fleisch richtig Geld auf den Tisch zu legen. Weil die Tiere das Fett nicht auf dem Muskel einlagern, sondern darin, hat es einen niedrigeren Schmelzpunkt – ihr Fleisch ist dadurch viel aromatischer und zarter als das anderer Rinder. Es zergeht auf der Zunge wie Butter.

Wieder greift das Prinzip: Qualität vor Quantität. Und das Beste daran: Ich muss nicht groß erklären oder argumentieren, warum der Verbraucher mehr bezahlen soll. Wagyu-Fleisch ist ein Produkt, das von vornherein teurer ist. Das wissen die Kunden. Und ich habe noch einen Trumpf im Ärmel: In meiner Zeit als Fotograf habe ich Geld auf die Seite gelegt. Etwas davon will ich heute ausgeben.

Als wir auf dem Hof Holtmann ankommen, laufen die letzten Vorbereitungen für die Auktion auf Hochtouren. Wir schieben uns durch das Gedrängel der Interessenten, um möglichst nah an die Tiere ranzukommen. Mein Vater schaut sich besonders die Stellung der Klauen an. Er sagt, dass man daran viele Informationen über den Zustand einer Kuh ablesen kann. Mir kommt es auf etwas anderes an. Natürlich achte auch ich auf die Körperhaltung, aufs Fell, darauf, wie viel Fleisch eine Kuh auf den Rippen hat – aber ich will auch etwas über ihren Charakter, ihr Wesen wissen. Und: Sie muss mir gefallen. Eine der Kühe kommt an den Zaun, sie schiebt den Kopf durch die Absperrung, ich nähere meine Hand vorsichtig ihrer Stirn und beginne, sie zu kraulen. „Schau mal", sage ich zu meinem Vater, „die lässt sich sogar streicheln!"

Das mache ich natürlich nur, um meinen Vater ein bisschen zu ärgern. Meine aufgesetzte Naivität gehört zu dem Spiel zwischen uns dazu. Wie nach Plan verdreht mein Vater die Augen. Aber er schaut trotzdem auf das Täfelchen und notiert die Nummer.

Im Zelt ist die Stimmung aufgeheizt. Wir suchen uns einen Platz möglichst weit vorn. Gleich werden die Wagyus über den Laufsteg geschickt. Für die Waguy-Kuh, die die Mutter der neuen Herde auf dem Martinshof werden soll, hab ich mir eine Obergrenze gesetzt: Mehr als 16.000 Euro will ich nicht ausgeben.

Zuerst wird ein Kuhkalb reingeführt. Stoisch steht es in der Manege, stiert allenfalls mal gelangweilt in die Runde und wundert sich wahrscheinlich, warum um es herum so ein Geschrei ist. 10.500 Euro sind das Erstgebot, innerhalb kürzester Zeit geht der Preis nach oben, 21.000, 22.000, 22.500 –

ich glaube, am Ende werden 23.500 Euro hingelegt. Mit rotem Kopf realisiert der letzte Bieter den Zuschlag. Das Kuhkalb wird abgeführt. Auftritt: erste Wagyu-Kuh von fünfen. Auch hier ist das Einstiegsgebot hoch – zu hoch für mich. Gut, dann kann ich noch ein wenig für den Ernstfall proben. Beim dritten Tier merke ich auf. Ich hatte sie im Vorfeld notiert und in die engere Auswahl genommen. Sie ist gut gebaut, alt genug, um gleich trächtig zu werden, und die Zahlen stimmen ebenfalls.

Als es heißt: 9.000 Euro, halte ich sofort den Katalog nach oben. Andere gehen mit, in 500-Euro-Sprüngen wird der Preis nach oben getrieben, ich hebe in immer kürzeren Abständen den Arm, signalisiere auf diese Weise: Ich bin noch dabei, und merke, wie mein Adrenalin-Pegel steigt.

Als der Auktionator 15.000 Euro in den Raum ruft, boxt mich mein Vater leicht gegen den Oberarm. „Gerd! Hör auf! Das ist doch viel zu viel Geld für eine einzige Kuh! Dafür könnten wir fünf oder sechs Schwarzbunte mit nach Hause nehmen!“

Er hat recht. Fast neidlos schaue ich zu, wie der Zuschlag an einen anderen Bauern geht. Der Mann verlässt hochzufrieden das Zelt. Ich werde mein Glück weiter versuchen.

Bei Wagyu-Kuh Nummer fünf schlage ich zu. Sie hat ein leicht aufsteigendes Becken, ist darum nicht unbedingt die erste Wahl, aber sie erfüllt alle weiteren Kriterien. Ich erkenne sie wieder: Es ist Saya, die Kuh, die sich von mir streicheln ließ. 5.000 Euro ist das Startgebot. Das Bieten beginnt, es geht in gewohnt schnellen Sprüngen nach oben. Genauso schnell wie mein Puls. Ich hätte sie gerne. Als es außer uns endlich nur noch einen Mitbieter gibt, ist die Spannung unerträglich. Mein Vater lässt mich weitersteigern, wir beide befanden die Kuh im Vorfeld als gut. Doch der Auktionator will und will einfach nicht „zum Dritten“ sagen. Er zieht es in die Länge ... „Zum Ersten“ ... „Zum Zweiten“ ... „Jetzt spuck es aus“, murmle ich. Und dann endlich: „Zum Dritten!“

Euphorie pur, wir haben eine Kuh gekauft. Als sie nicht von der Bühne will, stellen mein Vater und ich fest, dass wir eine sture Kuh ersteigert haben. Angespornt vom Jagdfieber, und weil Saya nicht so teuer war wie erwartet, überlege ich, eine weitere Kuh zu kaufen, werde aber erfolgreich von meinem Vater ausgebremst. Zurecht. Es ist schon eine verrückt hohe Summe. Die wird erst im nächsten Jahr getopt, als ich unseren Bullen ersteigerte. Allerdings von Zuhause vom Sessel aus, per Telefongebot.

Ich hoffe, dass es kein Fehler war, doch sonst hätte mein Vater mich gestoppt. Denn bei allen Widersprüchen und Konflikten, mit denen wir zu kämpfen haben, ist und bleibt er in erster Linie Bauer. Er würde niemals dem Kauf eines Tiers zustimmen, das er nicht für gut genug für den Martinshof hält.

Wir genehmigen uns eine Schorle gegen die Hitze und fahren mit unserem Hänger vor. Beim Einladen sträubt sich unsere neue Kuh, wie sich das gehört. Aber ich rede ihr gut zu: „Du wirst es gut bei uns haben, Saya“, sage ich. „Denn du bist der Anfang von etwas Neuem.“

Das meine ich auch so. Wieder sind wir in eine andere Richtung abgebogen. Wieder haben wir eine Weiche gestellt.

Trotzdem. Wieder muss ich mich gedulden. So schnell, wie ich es mir wünsche, geht das mit der Wunscherfüllung nicht: Saya wird lange Zeit nicht trächtig. Von einer Herde kann zunächst keine Rede sein. Damit sich das ändert, kaufen wir noch zwei weitere Kühe dazu und 2017 einen Bullen.

Heute leben auf dem Martinshof zwölf Wagyu-Rinder: unsere kleine Herde. Und wer ist ihr größter Fan und erzählt stolz von den neuesten Entwicklungen? Mein Vater!

2018 findet in Texas ein Treffen von Wagyu-Züchtern statt. Als ich ihn frage, ob er mit meiner Mutter hinfliegen will, sagte er erst mal Nein. Ich buche die Reise trotzdem. Wenn er nicht will, fliege ich eben mit einem Freund. Bei meinem Vater muss man manchmal etwas tricksen.

Als ich einmal zwei Karten für ein Dortmund-Spiel in der Champions League gewonnen hatte und ihn fragte: „Willst du dahin?“, sagte ausgerechnet er, der eingefleischte Fußball-Fan, der immerhin jahrelang im Verein gekickt hatte: „Nö.“ Also schenkte ich die Tickets Freunden. Und wer war hinterher enttäuscht? Mein Vater.

Kurz vor Reisebeginn behaupte ich also, dass ich nun doch keine Zeit hätte. „Willst du nicht doch mit Mama nach Texas? Die Reise würde sonst verfallen.“ Sein obligatorisches „Nö“ wiegle ich ab: „Zweimal frage ich nicht, das weißt du“, sage ich. „Wenn ihr nicht fliegt, frage ich jemand anderen.“

Die beiden beratschlagen, besorgen sich einen Reisepass und machen sich auf den Weg. Es wird für meinen Vater der erste Flug seines Lebens und für meine Eltern die erste richtige Reise seit ihren Flitterwochen. Noch heute schwärmen sie davon. Vor Ort machen sie sich ein genaueres Bild, sie sehen, welche Erfahrungen andere Landwirte machen und wie sie erfolgreich arbeiten. Sie haben beide Feuer gefangen und nun stürzen sie sich ins Abenteuer Wagyu-Zucht. Kommt mir bekannt vor. Der Apfel fällt doch gar nicht so weit vom Stamm.

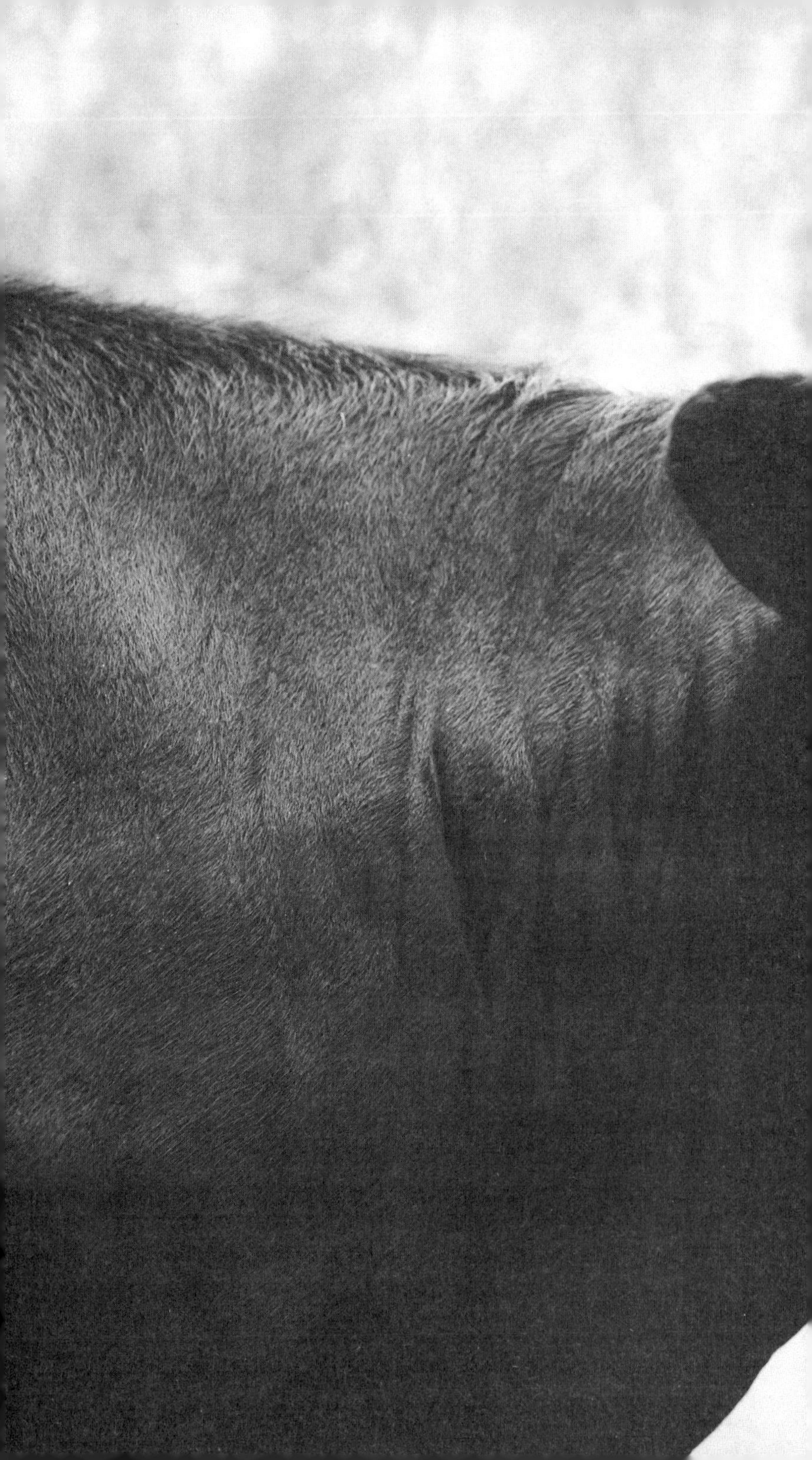

Der großzügige Perfektionist

Die Abläufe, der Rhythmus auf dem Martinshof werden mir immer vertrauter. Auch an die harte körperliche Arbeit habe ich mich gewöhnt. Wie schon beim Fotografieren schnappe ich auf und klaue mit den Augen, was ich nur mitbekommen kann. Ich höre meiner Familie genau zu, wenn sie über Vieh und Land und Boden redet. Ich schaue meiner Mutter über die Schulter, wenn sie „ihr Büro", wie sie das nennt, macht. Sie bestellt Futter, kümmert sich um Zuschüsse, stellt Anträge, das muss ja alles pünktlich raus.

Oft schneit irgendwer in unserer Küche rein und will irgendetwas: der Zuchtwart, der die Inhaltstoffe der Milch kontrolliert, das Veterinäramt, das stichprobenartig die Haltungsbedingungen überprüft, die Biokontrolle, die sich die Felder ansieht. Wenn ein Kälbchen geboren wird, muss das sofort gemeldet werden. Wenn eines stirbt, wenn eine Kuh verendet, wenn ein Rind an den Schlachter oder einen Züchter verkauft wird, genauso.

Landwirtschaft bedeutet immer mehr Verwaltung, auch das übernehmen die Landwirte selbst. Nie werde ich vergessen, wie meine Mutter ihren ersten Computer-Kurs buchte, nachdem klar war, dass die Verwaltung zusehends auf digital umgestellt wird und E-Mails das Telefon ersetzen würden. Sie jammerte nicht rum, dass sie diese Technik nicht kenne und erst recht nicht beherrsche und dass das doch gemein sei, wenn sie sich damit nun auch noch rumschlagen müsse. Nein! Sie nahm die Sache selbst in die Hand und bildete sich weiter.

Nichts von dem entgeht mir. Bei meinem Bruder und meinem Vater schaue ich mir jeden Tag aufs Neue etwas ab und nehme ihr Wissen wie nebenbei auf. Die Kollegen vom Apfelhof, Wilhelm und seine Frau Steffi, haben schon in den 90er-Jahren auf Bio umgestellt und viel Erfahrung. Sie leben ein Dorf weiter, wir haben uns angefreundet und helfen uns gegenseitig aus. Wenn ich irgendeine Frage oder ein Problem habe, kann ich mich immer an sie wenden.

Aber ich merke, dass ich noch mehr wissen will als das, was ich mir im Alltag und durch die Praxis abschaue. Ich will mein neues Handwerk von Grund auf lernen. Also drücke ich noch mal die Schulbank und lasse mich zum Landwirt ausbilden. Das Ganze nennt sich offiziell Nebenerwerbs-Ausbildung. Man könnte sagen: Ich mache es so wie immer – ich versuche, mit möglichst wenig Aufwand möglichst viel zu erreichen. Tatsächlich ist es einfach so, dass ein Studium viel zu lange dauern würde und ich nicht einfach noch mal für einen solchen Zeitraum vom Hof verschwinden kann. Zweimal die Woche gehe ich abends und am Samstag in Kurse, büffle in jeder freien Minute für die Klausuren und melde mich für die Prüfungen an.

Ich lerne alles über Ernährung, Verdauung, Stoffwechsel, erfahre in der Theorie, warum die alte Bauernweisheit „Der Pansen ist der Motor der Kuh“ auch in der Praxis stimmt. Viel Biologie, wenigstens ein paar Wirtschafts- und Verwaltungskurse gehören zur Ausbildung dazu. Wir sollen schließlich hinterher einen Betrieb führen können.

Ich lerne, wie man Kälber enthornt und belege Extra-Kurse im Klauenschneiden. Wenn ich in einer Sache immer noch unsicher bin, kann ich meine Lücken über Lehrfilme im Internet füllen und weiterhin Seminare besuchen. Es ist wie bei der Volkshochschule: Man meldet sich bei der Landwirtschaftsschule an, dann kann man sich gezielt draufschaffen, was man braucht. Das Schneiden von Obstbäumen mache ich zum Beispiel immer noch viel zu sehr Pi mal Daumen. Das möchte ich demnächst vertiefen. Aber in die Tierhaltung knie ich mich richtig rein, weil es das ist, was auch zukünftig mein Schwerpunkt sein soll.

Landwirt auch auf dem Papier

Der Martinshof ist ein Bioland-Hof, Demeter hingegen schied für uns aus. Diese Entscheidung hat nichts mit Ideologie, Überzeugung oder einem weniger ausgeprägten Qualitätsbewusstsein zu tun, sondern mit unserer Erfahrung. Bei Demeter werden die Kühe nicht enthornt. Bei Bioland schon, allerdings nur mit Sondergenehmigung. Und meine Mutter hat immer darauf bestanden, dass die Kühe keine Hörner haben. Alles andere sei viel zu gefährlich. Sie musste einmal erleben, wie eine Kuh sie im Stall auf dem Weg zum Melkstand angriff. Sie drückte meine Mutter mit dem Kopf gegen die Stallwand, immer fester, drehte sich zur Seite und quetschte sie mit ihrer ganzen Breitseite weiter ein. Meine Mutter trommelte mit den Fäusten auf sie ein und schrie, so laut sie konnte, aber es nützte nichts. Die Kuh schob und presste immer weiter. Das muss eine furchtbare Erfahrung gewesen sein: zu merken, dass Kraft und Wille des Tieres so stark sind, dass dir im wahrsten Sinne des Wortes die Luft ausgeht.

Wäre mein Vater nicht in der Nähe gewesen, hätte er meine Mutter nicht schreien gehört, hätte er die Kuh nicht mit Stockhieben weggetrieben, hätte das für meine Mutter sehr böse enden können.

„Wenn diese Kuh Hörner gehabt hätte, wär's vorbei gewesen", sagt meine Mutter. Bis heute merkt man ihr den Schock und die Fassungslosigkeit über diesen Angriff an. So ist sie mit einer gebrochenen Rippe und einem großen Schrecken davongekommen.

Was in die Kuh gefahren war, weiß niemand. Ob sie sich erschrocken hatte? Ob sie im Rangel-Modus war: Wer ist die Chefin? Seitdem gehen wir jedenfalls nie ohne Stock in den Stall. Mit nicht enthornten Kühen würde niemand von meiner Familie arbeiten.

2018 bestehe ich die Abschlussprüfung. Zu meiner eigenen Überraschung als Bester im Main-Tauber-Kreis – ausgerechnet ich, der ich nie Landwirt werden wollte.

Jetzt bin ich ausgebildeter Landwirt. Das ist wichtig. Die Ausbildung hat mich nicht nur sicherer und kompetenter bei der täglichen Arbeit gemacht – ich bin insgesamt besser aufgestellt, wenn es um die Zukunft auf dem Martinshof geht. Ich träume zwar immer noch gerne, aber ich darf mich jetzt auch Experte nennen und weiß, welche Visionen realistisch sind und welche besser Utopien bleiben.

Außerdem möchte ich weiterhin mehr tun für die Gesundheit unserer Kühe. Was das betrifft, ist immer noch Luft nach oben.

Aus Problemen lernen

Ich gehe durch die Ställe und schaue unsere Herde an. Gründlich und in Ruhe, Tier für Tier. Man sieht sofort, wenn etwas nicht stimmt. Wenn eine Kuh liegt und auch dann nicht aufsteht, wenn sie Futter bekommt, ist das ein sehr schlechtes Zeichen. Dann hat sie Schmerzen, vielleicht in den Klauen. Wenn sie den Rücken krümmt, hat sie womöglich Nierenprobleme, dann tut ihr das Pinkeln weh. Manche verschlucken Fremdkörper, ein Stückchen Metall oder etwas in der Art. All das erzählt mir die Kuh. Ich muss nur genau hinschauen. Dann sehe ich auch: Ist das Fell glänzend? Das ist immer ein Zeichen dafür, dass eine Kuh gesund ist.

Deshalb ist mir die Arbeit des Melkers auch so wichtig: Im Melkstand kommt jede Kuh zweimal am Tag bei mir vorbei. Aus der Nähe scanne ich die Tiere von oben bis unten ab und bekomme mit, wenn eine Kuh schlecht läuft oder riecht. Faszinierend eigentlich, dass man bei dem intensiven Geruch, der im Stall immer vorherrscht, noch differenzieren kann. Dann weiß ich: Da ist etwas nicht in Ordnung. Und natürlich sehe ich, wenn eine Kuh rindert, also empfängnisbereit ist. Beim Eisprung verhalten sich die Kühe anders.

Die Kuh Renate ist trächtig. Ich schaue in den Unterlagen im Stall nach – ja, da steht's, das Kreuz neben dem Namen zeigt, dass diese Kuh in ein paar Wochen kalben wird.

Acht Wochen vor der Geburt eines Kalbes stellen wir die jeweilige Kuh trocken. Das heißt: In der neunten Woche vor dem Kalben wird sie nur einmal am Tag gemolken, so versuche ich, die Milchproduktion zu verringern – trotzdem muss ich aufpassen: Hat die Kuh Schmerzen? Wird das Euter heiß? Kündigt sich eine Mastitis, eine Euterentzündung, an?

In der konventionellen Landwirtschaft wird den Kühen zum Trockenstellen vorsorglich ein Antibiotikum verabreicht. Das ist dann in der Milch und über die erste Futteraufnahme damit auch im Kalb. Auch bei uns wurde das so gemacht. Das lehne ich heute strikt ab und will es unterbinden.

Das Trockenstellen wurde dadurch schwieriger und wir mussten ausprobieren, wie es trotzdem gut und schonend für die Kühe funktioniert. Das müssen wir bis heute üben.

Inzwischen unterstützen wir diesen Prozess mit Homöopathie. Das bedeutet, ich gebe der Kuh Globuli, die die Milchproduktion verringern. Sollte sie dann trotzdem Probleme mit dem Euter bekommen, sich ihr Zustand verschlechtern und die Bakterien die Oberhand gewinnen, muss ich sofort eingreifen und doch ein Antibiotikum geben. Aber ich mache es gezielt, nur bei Bedarf, und nicht im Voraus zur Prophylaxe. Unnötig zu erwähnen, dass die Kühe für das Trockenstellen ohne Antibiotika in einem guten Gesamtzustand sein müssen, sonst haben sie von vornherein keine Chance.

Was ich inzwischen über die verschiedenen Behandlungsmöglichkeiten von Kühen weiß, habe ich mir weitgehend selbst beigebracht. Ich löchere jedes Mal den Tierarzt, wenn er zu uns auf den Hof kommt, ich schaue zu, höre zu, probiere aus. Mit unseren Tieren für unsere Tiere.

Für mein Verständnis einer sinnvollen Landwirtschaft.

Der Stall ist übrigens auch der Ort, an dem mein Vater und ich am besten zusammenarbeiten. Nicht, dass wir nicht weiterhin unterschiedlicher Meinung wären – aber die Rollen sind klar verteilt: Er übernimmt die Besamung der Kühe, weil ich darin noch unsicher bin, ich übernehme, sobald eine Kuh trächtig ist. Und: Ich kümmere mich um die Kälber.

Auf dem Martinshof werden die Kälber erst nach zwei, drei Tagen von ihren Muttertieren getrennt. Auch das ist das Ergebnis eines Erkenntnisprozesses. Und die Erfahrung anderer Betriebe, auf die ich zurückgreifen kann. Früher trennten meine Eltern die Kälbchen unmittelbar nach der Geburt von ihren Müttern, das war gängige Praxis und übrigens so auch vom Tierarzt empfohlen. Die Kälber sollten in einem neuen, keimfreien Stall stehen, wo sie von uns getränkt wurden. So wollte man verhindern, dass sie in den ersten sensiblen Wochen krank werden. Ich hingegen habe die Erfahrung gemacht, dass die Kälber robuster und gesünder sind, wenn sie die ersten Tage von ihren Müttern gesäugt werden. Erst dann kommen sie in den Außenstall zu den so genannten Ammen-Kühen. Das sind Tiere, die wir aus verschiedenen Gründen aus der Milchherde ausgegliedert haben, zum Beispiel weil sie Probleme mit den Gelenken haben. Sie versorgen dann alle Kälbchen rund um die Uhr mit Milch. Wann immer ein Kalb Hunger hat, kann es trinken. Allerdings muss ich auch da wachsam sein. Es gibt nämlich Ammen, die fremde Kälber nicht trinken lassen. Oder die Kälbchen schubsen sich gegenseitig weg, dann gewinnt der Stärkere. Ich muss also manchmal doch eingreifen, eine andere Kuh als Amme aussuchen oder die Gruppen unterteilen. Die Kuh, die sich nicht bewährt hat, kommt dann zurück in den Stall und wird ganz normal gemolken.

Diese Aufzucht ist artgerechter als das Tränken von Hand. Die Kälber spielen miteinander, wodurch ihr Sozialverhalten von Anfang an geprägt wird. Sie lernen von den erwachsenen

Kühen, Raufutter wie Heu und Silage schneller aufzunehmen, indem sie einfach alles kopieren, was die Größeren oder die Ammen machen. Genau wie beim Menschen auch.

Wenn die Kälbchen die ersten Tage gut überstanden haben, ist das außerdem eine Art Selbstläufer: Ich muss mich nur noch wenig kümmern. Allerdings bekommen die Kälbchen so auch keinen Bezug zu mir. Sie werden weniger zahm, als es der Fall wäre, wenn ich sie von Hand tränken würde.

Leider kommt es auch immer wieder vor, dass etwas schiefgeht und ein Kalb oder eine Kuh sterben. Und so lange bin ich doch noch nicht dabei, dass ich dann völlig abgeklärt die Tierkörperbeseitigung anrufe und zur Tagesordnung übergehe. Ich will herausfinden, warum ein Tier stirbt. Habe ich etwas übersehen? Habe ich etwas falsch gemacht? Wie kriegen wir es beim nächsten Mal besser hin?

Aber auch die Erkenntnis, dass das Sterben zum Leben dazugehört, ist Teil meines neues Berufs als Bauer.

Ganz sicher haben wir Landwirte einen normaleren Umgang mit dem Tod. Wir kriegen ihn oft unmittelbar mit, er ist nicht gerade alltäglich, aber eben doch vertrauter. Wir führen ihn mitunter ja auch herbei. In Teilen leben wir von der Mast und von der Schlachtung, wenn wir das Fleisch unserer Rinder verkaufen oder für den Eigenbedarf behalten. So gesehen leben wir vom Tod. Das fühlt sich nicht immer gut an – der Unterschied ist nur, dass wir uns darüber im Klaren sind.

Wer seine Bratwurst, die er vorher abgepackt im Supermarkt gekauft hat, im Sommer auf den Grill legt, ist in der gleichen Situation wie wir, nur sieht er es nicht: Dafür ist ein Tier gestorben, genauso wie für Schuhe, Gürtel, Handtaschen.

In solchen Situationen greift einmal mehr der Pragmatismus der Landwirte. Wir können unsere Kälber und Kühe unmöglich alle behalten. Es ist ein ganz nüchternes Rechen-Exempel: Wenn eine Kuh uns mehr Futter kostet, als sie Milch bringt, wird sie an den Schlachter verkauft. Das heißt aber nicht, dass wir nichts als brutale Küken-Schredderer und Vieh-Verächter sind, herzlose Zyniker, die keinerlei Verbindung zu den Tieren haben.

Genau das ist einer der vielen Gründe, warum ich mir wünsche, dass die Leute zu uns auf den Hof kommen, sich umschauen und den Alltag der Landwirte mitbekommen. Vielleicht würde dann das Schubladendenken aufhören. Die Verbraucher könnten sich ein eigenes Bild machen, ohne zu verklären, ohne zu verdammen. Es wäre ein Einblick in die Realität auf einem Bauernhof.

Feste feiern

Einer meiner Vorsätze ist, die Verbraucher mit der Landwirtschaft vertraut zu machen. Ich möchte den Martinshof zu einem offenen Hof machen. Jeder, der vorbeikommen und sich umschauen und informieren will, ist willkommen. Am besten funktioniert das über einen schönen Anlass, der beide Anliegen miteinander verbindet: Die Zeit ist reif für den ersten Weihnachtsmarkt auf dem Martinshof.

An einem der Advents-Wochenenden laden wir zur Premiere ein: ein Fest bei uns, für alle aus der Gegend, die Zeit und Lust haben zu feiern. Dafür plündere ich wieder mal die Scheunen und baue einen im wahrsten Sinn des Wortes wundervollen Weihnachts-Trödelmarkt auf. Das finden natürlich nicht alle gut. Einige der älteren Herrschaften sind in ihrem Urteil nicht gerade zimperlich: „Den ganzen Scheiß würde ich, so wie er ist, nehmen und in den nächstbesten Container schmeißen", höre ich mehr als einmal. „Aber ganz sicher würde ich mich nicht trauen, das Zeug auch noch zu verkaufen." Mein Glück! Das normale Weihnachtsinventar, die üblichen Engel und Weihnachtsmänner, sucht man an dem Wochenende vergebens. Wir schmücken den Hof mit Tannenreisig und mit Zweigen von Schlehen und Hagebutten. Die Weihnachtsbäume und Girlanden, die ich vorher von umliegenden Weihnachtsmärkten zusammengetragen habe, verwende ich weiter für unsere Deko. Recycling ist wieder das Wort der Stunde.

Advent, Advent, ein Lichtlein brennt? Bei uns ist der ganze Martinshof von Kerzen und Teelichten erleuchtet. Auf Tüchern baue ich die Fundstücke auf: einen Tisch mit alten Spiegeln, Bilderrahmen und Fotos, mit Vasen, Tellern und Schüsseln, einen andern mit bestickten Tüchern und Decken aus Urgroßmutters Zeiten und mit bunten Stoffen. Von einer alten Bekannten, die in ihrer Jugend unfassbar viel Geld für richtig gute Klamotten und Accessoires ausgegeben hat, habe ich Kisten voller Schuhe, Taschen, Kleidern, Schals und Tüchern bekommen: 80er-Jahre-Schick zu guten Preisen. Außerdem Schlitten und Schlittschuhe, kleine Möbel, Lampen – die Besucher können nach Herzenslust stöbern.

Freunde und Familie haben im Akkord gebacken, sodass wir Plätzchen, Stollen, Lebkuchen und Kuchen anbieten können. Auch die Wurst, die nach Rezepten von Martin aus Fleisch von unseren Rindern gemacht wird, bieten wir zum Verkauf an, genauso wie den Saft, den wir inzwischen aus Äpfeln und

Quitten vom Martinshof pressen, und Cidre und Schnaps aus eigener Produktion. In schöne Flaschen gefüllt geht der weg wie warme Semmeln! Die Leute decken sich mit Weihnachtsgeschenken frisch vom Biohof ein oder lassen es sich selbst schmecken.

Es gibt Glühmost, Punsch und heiße Schokolade, es gibt Bratwurst und Grünkernküchle – alles selbst gemacht. Es wird gegessen, getrunken, geredet, gelacht. Wir verkaufen gut. Das Schönste aber ist, dass zahlreiche Leute aus der Umgebung gekommen sind und noch andere Gäste mitgebracht haben.

Alle Generationen, Freunde, Verwandte, Bekannte und Unbekannte, sitzen an langen Tischen in der großen Scheune und lassen es sich gut gehen. Obwohl es richtig kalt ist, ist die Stimmung prächtig. Heiter bis ausgelassen. Alle sind begeistert.

Ich halte mit den Besuchern ein Schwätzchen, schaue mir die Szenerie an und denke: Genau so habe ich es mir immer gewünscht.

Das soll es in Zukunft öfter geben, wenn's nach mir geht, mindestens zweimal im Jahr. Denn ich glaube, es gibt eine große Sehnsucht nach solchen Zeiten und Orten, an denen Menschen einander besser kennenlernen, einander womöglich wirklich begegnen und sich als Gemeinschaft erleben. In denen sie auf andere Gedanken und Ideen kommen und Spaß miteinander haben. Das ist so viel besser als die ganzen Vorurteile und Animositäten, die man sonst so pflegt. Gerade in einem Dorf.

Mutig sein lohnt sich: Der erste Weihnachtsmarkt auf dem Martinshof wird ein voller Erfolg. Noch Wochen später werden wir angesprochen: „Das war so schön! Wann macht ihr so was mal wieder?"

Auch wegen dieses Zuspruchs fragt uns das Kulturamt der Stadt Niederstetten, ob wir uns vorstellen könnten, im Sommer unseren Hof für ein Konzert zur Verfügung zu stellen. Bis dahin geht noch viel Wasser den Aschbach runter – aber ich merke es mir. Am Horizont dämmert eine neue Idee: die Fortsetzung dessen, was vielleicht so etwas wie eine neue Tradition werden könnte: Feste feiern auf dem Martinshof.

Ich sag dann mal leise Tschüss …

Während ich auf dem Martinshof Stück für Stück meine Visionen umsetze, nimmt der Abschied von der Fotografie immer endgültiger Gestalt an. Ich ziehe mich konsequent aus dem Business zurück. Es wird ein stiller Rückzug. Meine Homepage aktualisiere ich schon länger nicht mehr, die Anfragen werden seltener, die, die ich noch bekomme, winke ich durch zu meiner ehemaligen Assistentin und einem anderen Kollegen. Die beiden sind genau am entgegengesetzten Punkt. Sie wollen als Fotografen durchstarten. Ich will einen endgültigen Schlussstrich ziehen. Meine Kolleginnen und Kollegen aus der Modeszene nehmen mein neues Leben übrigens durchweg positiv auf. Es gab sicher einige, die nicht gedacht hätten, dass ich das wirklich durchziehe, aber jetzt, da ich Biobauer bin, finden sie es gut und richtig. Sie finden, dass es zu mir passt. Und wann immer sie in der Gegend sind, kommen sie auf dem Martinshof vorbei und besuchen meine Familie und mich.

Bei meinem letzten Shooting für Schwarzkopf merke ich, wie sehr ich mich bereits entfernt habe. Ein Teil des Teams ist neu, der Kreativdirektor nach wie vor aufgesetzt freundlich. Das hat mich schon immer gestört, jetzt bestätigt es mich zusätzlich in meiner Entscheidung, ganz aufzuhören.

Die jüngere Generation, die nachkommt, hat vollkommen andere Vorstellungen. Die Ästhetik der Fotos hat sich genauso radikal verändert wie der Anspruch und die Abläufe der Produktionen. Heutzutage soll alles schnell gehen, der Druck ist noch größer geworden, die Umsatzerwartungen sind enorm – das wirkt sich am Set unmittelbar aus. Die Stimmung ist angespannt, es dürfen keine Fehler unterlaufen. Und es sind inzwischen die Fotografinnen und Fotografen gefragt, die die Sozialen Medien erfolgreich bespielen. Interessant sind die, die Tausende von Followern bei Facebook, auf Instagram oder bei Video-Podcasts haben, und nicht die, die ihr Handwerk beherrschen. Das muss einander nicht ausschließen, tut es aber oft. Es passt in unsere schnelllebige Zeit. Kommunikation zählt mehr als Kompetenz, Zahlen mehr als Inhalt. Wer am lautesten auf sich aufmerksam macht, gewinnt. Außergewöhnliche Bildideen haben die Jungen drauf, andere objektive Qualitätskriterien, wie die Sorgfalt in der Umsetzung, in die zweite Reihe gerückt. Bei den jungen Kolleginnen und Kollegen und auch bei den Kunden. Es geht erschreckend schnell, dass sie Qualitätsarbeit als solche nicht mehr erkennen oder schätzen. Sehen sie denn den Unterschied im Ergebnis nicht? Lassen sie sich blenden vom grellbunten Glitzer-Chichi? Oder ist das am Ende sogar ein neues Qualitätssiegel?

Die jungen Fotografinnen und Fotografen haben ein gutes Gespür für Style, sie sind unglaublich selbstbewusst. Ich hätte nie im Leben eine Produktion angenommen, die am Tag locker 50.000 Euro kostet, ohne zu wissen, wie man Licht richtig setzt und Haare gut ausleuchtet. Also ertappe ich mich bei einer gewissen Schadenfreude, wenn ich hinterher mitbekomme, dass eine Produktion in die Hose gegangen ist, weil Kompetenz und Können gefehlt haben.

Führe ich mich gerade auf wie die Alten in der Muppet Show, die vom Balkon aus auf die Welt runter granteln? Ich merke nur, dass ich null Komma null das Bedürfnis habe, mich diesem neuen Tempo, diesem Stress, dieser, aus meiner Sicht, Oberflächlichkeit anzupassen. Da bin ich doch bekennend von der alten Schule. Gerade zu Beginn meiner Laufbahn habe ich versucht, es allen recht zu machen. Aber unterm Strich habe ich mich mein ganzes Berufsleben lang nicht verbiegen lassen – damit fange ich auf den letzten Metern ganz gewiss nicht an.

Es ist ja ohnehin ein Phänomen unserer Zeit und unserer Gesellschaft, dass wir alle uns nahezu ausschließlich über diesen Druck, der in erster Linie ein Leistungsdruck ist, definieren und ihm Standhalten müssen. Wer sich nicht ständig selbst optimiert, wer nicht ständig bis an seine Grenzen geht und am Limit ist, der ist nicht wichtig, der macht was falsch. Aber wie falsch ist das denn? Die Zahlen derer, die ausgebrannt sind, die sich mit Depressionen rumschlagen, sprechen jedenfalls eine deutliche Sprache.

Natürlich müssen auch wir auf dem Martinshof Druck aushalten. Aber es ist ein anderer Druck. Er ist weniger existenziell. Selbst wenn alle Stricke reißen, bleiben uns die Äcker und das Vieh, das Land und der Hof, es bleibt das Haus meiner Großeltern. Auf der Straße landen wir nicht.

Mich bestärken diese ganzen Entwicklungen in meiner Entscheidung, die Fotografie und den ganzen Rummel, der dazugehört, wirklich und wahrhaftig aufzugeben.

Neben meinen Freunden und abgesehen davon, dass ich am Abend eh meist platt auf der Couch liege, ist das Einzige, was mir auf dem Dorf fehlt, dass ich nach 22 Uhr nicht mehr in ein Restaurant oder in eine Bar gehen kann. Auf dem Land ist dann Zapfenstreich.

Meine Kameras habe ich weggepackt. Ich benutze sie nur noch für private Anlässe. Es macht mich kein Stück traurig.

Das letzte Mal

Im Januar 2018 reise ich zu meinem letzten Auftrag nach Hamburg. Für die deutsche *Vogue online* soll ich hinter den Kulissen Aufnahmen machen von einer Show von Karl Lagerfeld.

Die Elbphilharmonie ist der Veranstaltungsort. Sehr edel. Das Thema: hanseatisch. Unter anderem ist ein richtiger Hafen aufgebaut. Später, bei der After-Show-Party singt ein Männerchor Seemannslieder. Lagerfeld hat sich nie lumpen lassen. Bei ihm gingen Kunst, Kultur und Mode aufs Schönste eine Symbiose ein.

Für mich ist es ein reiner Social-Media-Auftrag. Der Sturz vom Scheunendach ist noch nicht lange her, ich trage immer noch die Halskrause, aber weil ich ja keine schwere Kamera mit mir rumschleppen muss, sondern nur mein Handy, wird es gehen.

Diese Arbeit erkläre ich zu meinem Abschied. Ich finde es gut, dass sie in Hamburg stattfindet. Dort, wo ich vor vielen Jahren angefangen habe, werde ich nun aufhören. Der Kreis schließt sich. Das passt. Leider nicht nur für mich. Denn auch für Karl Lagerfeld sollte es der letzte große Auftritt sein. In seiner Heimatstadt Hamburg.

Es wird ein besonderes Abschiednehmen, weil eine Modenschau immer der Gipfel der Modewelt ist. Wie immer sind Anspannung und Spannung mit Händen zu greifen, wie immer liegt diese flirrende Aufregung in der Luft. Die Models stolzieren auf ihren hohen Absätzen wie ferngesteuert durch die Gegend, die Make-up- und Haar-Spezialisten zuppeln an ihnen herum, noch etwas Puder hier, ein bisschen Haarspray dort. Und was ist mit dem Revers? Das Jackett im Matrosenlook sitzt noch nicht, bitte einmal den Kragen glatt streichen.

Ja. So. Perfekt! Und jetzt bitte Ruhe, es geht gleich los.

Ich schaue mir das bunte Treiben aus einem gewissen Abstand heraus an, mache meine Aufnahmen, professionell, aber unaufgeregt. Die meisten Models kenne ich schon nicht mehr. Die Tochter von Cindy Crawford soll dabei sein? Kann sein. Und Anna Ewers, das deutsche Model, das nach wie vor so richtig gefragt ist? Ja, stimmt. Ich erkenne sie im Gewühl. Aber ich muss zugeben: Es interessiert mich nicht mehr richtig. Ich bin bereits ein Zaungast. Es ist ein letztes Aufblühen.

Später, bei der After-Show-Party, stehe ich mit meinem Glas Champagner in der Hand am Rand, schaue zu, nehme auf, denke zurück. Mit einigen alten Kollegen wechsle ich ein paar Worte, anderen gehe ich wie gehabt lieber aus dem Weg. Myro, den ich über eine Freundin von früher kenne, erzählt von seinen jüngsten Erfolgen als Nachwuchs-Fotograf. Er ist glücklich, er ist mit Leib und Seele dabei, das sehe und höre ich ihm an. Ich gönne es ihm von Herzen. So soll es schließlich sein!

Er wird den ganzen Abend mit Anna Ewers tanzen.

Und ich? Bin ich unglücklich? Bin ich traurig? Fällt mir der Abschied nun doch schwer? Nein. Ich bin in erster Linie dankbar für die tolle Zeit, die ich hatte. Und den Sinn fürs Schöne, den ich heute Abend noch mal eingeatmet habe, den werde ich immer in mir tragen und wertschätzen und umsetzen, wo immer es geht. Es ist aber auch das Gefühl und die Gewissheit, dass es mich in dieser Welt der Mode und Fotografie nicht braucht. Es macht keinerlei Unterschied, ob ich dort bin oder nicht. Es macht aber sehr wohl einen Unterschied, ob ich in Rüsselhausen bin oder nicht.

Junge, komm bald wieder!, schmachtet der Männerchor. Ich nehme ihn beim Wort und fahre zurück.

Stadt? Land? Flucht!

Und trotzdem gibt es noch immer Szenen wie diese: Um das Füttern zu erleichtern, wollen wir die Rampe vorne am Kuhstall verbreitern, damit mein Bruder das Futter direkt vom Traktor aus ausschütten und verteilen kann. Außerdem will ich auf der Rampe noch eine Bahn Strohballen stapeln können, damit sie nicht, wie derzeit noch, überall verteilt unmotiviert in der Gegend herumstehen.

Ich messe alles aus, mache eine Skizze, erkläre meinem Vater, wie ich es mir vorstelle. Mein Vater sagt: „Nö! Hier muss es breiter werden. Wir brauchen mehr Platz. Die Bäume müssen weg! Dieser Baum auch!"

Ich sage: „Hier wird kein einziger Baum gefällt!"

Schon ist wieder dicke Luft. Mein Vater und ich, wir sind wie Feuer und Wasser. Er ist der Seniorchef, er will das Sagen haben – ich finde: Vieles fällt in meinen Bereich, denn die Entscheidungen, die wir heute fällen, betreffen morgen meine berufliche Zukunft. Aber das geht einfach nicht in seinen Schädel rein. Sag ich etwas, sagt er erst mal: so nicht!

Warum nur überzeugen ihn meine Argumente nicht? Die Bäume zu fällen, den Boden zum Bachufer hin zu stabilisieren, die Fläche zu begradigen wird richtig viel Geld kosten und bringt so gut wie nichts. Warum kapiert mein Vater das nicht?

Na, klar: Es geht mal wieder ums Prinzip.

Irgendwann lasse ich ihn einfach stehen und stiefle stinksauer weg. „He! Du!" Mein Vater brüllt hinter mir her.

So will ich erst recht nicht mit mir umspringen lassen. Ich bin doch keine 15 mehr! Die Zeichen stehen mal wieder auf Kampf. Manchmal jeden Tag. Manchmal sehr zermürbend.

Dabei halte ich den Schlüssel in Händen. Ich weiß genau, was meine Familie braucht. Sie wollen weniger kritisiert werden.

Aber ich schaff das nicht, schon gar nicht, wenn sie es einfordern. Doch warum fällt mir das Loben und Anerkennen so schwer?

Oft nehme ich mir morgens beim Aufstehen vor: Heute bin ich geduldig. Heute bleibe ich ruhig. Heute rege ich mich nicht auf. Ich halte den Schlüssel in Händen, ich weiß. Heute sehe ich das Gute. Heute sage ich es auch. Aber drei Stunden später sind die guten Vorsätze schon wieder über den Haufen geworfen.

Mit Ausnahmen. Carmen behauptet sich tapfer zwischen den Fronten. Sie sagt: „Ihr wollt doch alle das Gleiche, ihr nennt es nur anders. Hört einander doch mal zu." Da sagt sie was! Wir haben verlernt, einander zuzuhören. Vor allem ich habe es verlernt. Meistens schalte ich sofort ab, sobald meine Eltern diskutieren wollen. Ich drehe mich einfach um, wenn sie etwas anders machen möchten als ich. Für eine Erklärung lasse ich ihnen keine Zeit. Das ist einer meiner größten Fehler.

Was helfen würde? Wenn meine Familie sich öfter fragen würde, welche Ereignisse in den letzten Jahren positiv waren. „Sagt mir doch mal, was gut war", sage ich in Gedanken immer wieder zu ihnen, damit sie selbst realisieren, dass es nicht nur Ärger gegeben hat, sondern auch gute Erfahrungen, den Weihnachtsmarkt zum Beispiel oder die ganzen Renovierungen am Hof. Veränderungen, die Spuren hinterlassen haben und bleiben.

Was hilft: ein Spaziergang über Land. Ich sehe, wie viel schöner es inzwischen geworden ist, wie weit wir schon gekommen sind. Es hat sich gelohnt, dass ich begonnen habe, die Hecken auszudünnen, sodass sie neu und dichter austreiben. Sie begrenzen unsere Felder, säumen die Wege. Es hat sich gelohnt, die Steinriegel im Hang freizulegen, auf der Sonnenseite die Sträucher und Büsche zurückzuschneiden, auf der Rückseite der Steine, im Schatten, die kleine Wildnis so wild zu belassen, wie sie ist. Wenn alles gut geht, aalen sich die Eidechsen und Schlangen in der Sonne, die Vögel, die Mäuse – das ganze Kleinvieh findet im Gebüsch genau die richtige Umgebung. Denn Umweltschutz und Kulturlandschaftspflege fangen tatsächlich mit einem kleinen Stein in der Landschaft an, aus dem die berühmte Lawine wird. Positiv gemeint, versteht sich.

Man schubst etwas an, es nimmt Fahrt auf und entwickelt sich in die richtige Richtung.

Schritt für Schritt – das gilt für jeden Tag.

Schritt für Schritt heißt weiterzumachen.

Schritt für Schritt heißt vor allem, nicht zu übersehen, was wir schon alles verbessert haben.

Den Bau der Rampe haben wir übrigens ein paar Wochen später problemlos über die Bühne gebracht. Mein Vater hat sich durchgesetzt: sieben Meter Breite, ein paar gefällte Bäume, noch keine Überdachung für die Lagerung der Strohballen. Ich muss zugeben: Es funktioniert im Alltag gut. Martin kann das Futter nun direkt vom Futtermischwagen aus auf den Futtertisch bringen. Das erleichtert die täglichen Abläufe.

Manchmal ist es eben doch gut, wenn mein Vater sich durchsetzt.

Trotzdem. Immer wieder mal sitze ich abends allein in meinem Wohnzimmer, die Füße hochgelegt, und frage mich: Warum tue ich mir das alles eigentlich an? Will ich wirklich für alle Zeiten in Rüsselhausen bleiben? Dort, wo Menschen jeden Tag darüber nachdenken, ob die Straßen auch wirklich sauber genug gefegt sind? Soll der Martinshof mein Leben sein? Der Ort, an dem mir meine Familie auf den Nerven rumtrampelt? Die gröbsten Lebenslöcher und auch die größten wirtschaftlichen Löcher sind schließlich gestopft, sodass sie im Grunde nun auch ohne mich zurechtkommen würden.

Hab ich mein Soll nicht längst erfüllt? War es wirklich eine so gute Idee, als erwachsener Mensch an den Ort der Kindheit zurückzukehren? Wer wissen möchte, wie es mir damit geht, dem antworte ich: „Stellt euch vor, ihr fahrt an Weihnachten nach Hause. Ihr freut euch auf eure Eltern und Geschwister, aufs gemeinsame Um-den-Tisch-herum-Sitzen, Essen, Trinken und Reden. Darauf, in Erinnerungen zu schwelgen und zu erzählen, was jeder in der letzten Zeit so erlebt hat und was jeden gerade beschäftigt und umtreibt. Ein, zwei Tage ist das ja auch richtig schön. Aber dann fallen euch die Eigenheiten der Familie auf – ihr hattet sie, weit weg, zu Hause im eigenen Leben, einfach nur vergessen. Die Vorfreude weicht einer zunehmenden Gereiztheit." Alle meine Freunde sind froh, wenn sie nach ein paar Tagen wieder heimfahren können.

„So!", sage ich dann, „und jetzt stellt euch vor, es ist Weihnachten – nur ihr reist nie wieder ab."

Aber dann denke ich an den Bus, der zweimal die Woche mit lautem Hupen um die Ecke biegt und frische Brötchen und Kuchen verkauft. Ich denke daran, wie die Rüsselhäuser angelaufen kommen, einkaufen und ein Schwätzchen halten. Ich denke an meine Freunde in der Umgebung, an die alten und an die, die neu dazugekommen sind.

Wenn es auf dem Martinshof so richtig hoch hergeht, wenn wir uns streiten und tagelang nicht mehr miteinander reden, wenn ich enttäuscht, frustriert, beleidigt, traurig bin, benehme ich mich in einer Art, die nicht zu mir passt. Dann zicke ich rum, fauche meine Mutter an, lasse meinen Vater im Regen stehen, schweige Martin in Grund und Boden, bin nicht mehr hilfsbereit, sondern berechnend. Dabei wollte ich nie so werden.

Zwei Welten werden eine

Ein Tag im März. Die letzten Tage und Wochen bin ich mit der Motorsäge durch unsere Wiesenhänge gestreift. Ich setze den orangefarbenen Helm mit der Schutzmaske auf, schultere die Säge und arbeite mich durchs Dickicht. Unfassbar, was in den letzten Jahren gewachsen, um nicht zu sagen gewuchert ist. Es ist eine alte Baustelle, die ich mir in regelmäßigen Abständen vornehme. Schließlich werden die Flächen per Satellit immer wieder kontrolliert. Wenn Flächen zuwuchern, werden die Zuschüsse dafür gestrichen.

Ich säge und säge, die Haselnüsse müssen weg, den Nussbaum schneide ich radikal zurück. Die Äste werden zu ausladend, das Laub bedeckt den Boden, dann wird er sauer. Und unter diesen Schichten wächst kein Gras mehr, das wir aber für unsere Kühe brauchen. Irgendwann sind da nur noch ich und der Wald und der Kampf gegen die dürren Zweige und Äste, die sich bald auf dem Boden türmen. Für diesen Tag hat sich mein Cousin angekündigt. Er will uns helfen und mit dem Traktor und der Seilwinde die Zweige zusammenziehen und von den Wiesen schaffen. Mein Bruder wird mit einem anderen Traktor alles einsammeln und an einem Platz abladen.

Wie mein Cousin mit der Fernbedienung vor dem Bauch dasteht, muss ich grinsen: Das ist doch ein echtes Jungsding! Welche diebisch-kindliche Freude er hat, an den Hebeln zu drehen, damit sich die Kette um die Äste legt: vorwärtsdrücken – die Äste werden angehoben, zurückdrücken – die Äste senken sich zu Boden. Das kann der jetzt stundenlang so machen und hat den größten Spaß dabei! Doch so ganz geht der Plan nicht auf. Die Äste lösen sich aus den Ketten, hinterher fliegt mehr in der Gegend herum, als entsorgt worden ist. Doch so ist es eben, wenn Probieren über Studieren geht.

Ein Tag im April. Nach dem Mittagessen bin ich mit Conny verabredet. Ihre ältere Schwester kenne ich noch aus der Schule, später haben Conny und ich zusammen die Landwirtschaftsausbildung gemacht. Ohne sie wäre es nur halb so lustig gewesen. Sie ist inzwischen Bierbrauerin und Landwirtin, auch sie lebt wieder bei ihren Eltern und weiß genauso gut wie ich, wie kompliziert dieses Leben mehrerer Generationen unter ein und demselben Dach sein kann. Jetzt zum Beispiel: Conny hat eigentlich Urlaub. Was heißt eigentlich. Conny *hat* Urlaub. Ihre Ferien will sie nach eigenem Gutdünken gestalten, aber ihr Vater steht dauernd unterm Balkon und ruft sie wegen jeder Kleinigkeit, für die er sie angeblich braucht. Conny kocht! Das habe ich ihr sogar am Telefon angehört. Sie hat angerufen, weil ich Ableger aus dem Garten ihrer Mutter bekommen kann. Das lass ich mir nicht zweimal sagen. Also fahre ich zu ihrem Hof, es ist eine der schönsten Strecken in der Gegend: Über zwei Hügelketten geht es in Serpentinen runter ins Tal, auf der anderen Seite wieder hoch, am Hang liegen ein paar versprengte Häuser, mehr hat das Dorf nicht. Ich denke jedes Mal: Vielleicht muss man weg gewesen sein, um die Schönheit dieser Gegend so zu schätzen, wie ich es tue.

Der Hof von Connys Familie steht voller Bobbycars und Dreiräder. Die Familie ist groß, der Fuhrpark entsprechend auch. Ich habe meinen Neffen Fritz dabei. Er ist knapp zwei Jahre, ein lustiger kleiner Kerl. Jetzt parkt er begeistert den Tret-Traktor aus. Ich bewundere derweil den Garten. Küchenschellen blühen lila-pelzig neben den Christrosen in Altrosa. Gelb, Weiß, Orange zieht sich den Steingarten hinauf. Connys Mutter hat zweifellos ein grünes Händchen. Sie erklärt mir genau, was wann wo wie am besten wächst und gedeiht. Am Ende habe ich eine ganze Wagenladung voller Pflanzen. Ich muss mir überlegen, wie ich das wiedergutmachen kann. Solche Tauschgeschäfte sind genau nach meinem Geschmack.

Den Nachmittag verbringe ich im Garten, grabe Löcher, setze die Pflanzen ein, wässere sie. Das wird schön aussehen in ein paar Wochen.

Danach treibe ich die Kühe von der Weide zurück, 45 Tiere, die genau wie ich die ersten Sonnenstrahlen genossen haben und außerdem frisches Gras fressen konnten. Einige büxen aus, wie immer, sie drängeln sich ums Silo und versuchen, ohne Umweg an das begehrte Futter ranzukommen. Ich schiebe sie weg, lotse sie mit meiner Stimme in die richtige Richtung, in den Stall, wo sie von meinen Eltern in Empfang genommen werden.

Wieder ist Melkzeit. Bald ist Abend. Wieder ist das Tagwerk getan. Wieder werde ich ins Bett fallen, sobald es draußen dunkel ist. Und das Schönste: Ostern steht vor der Tür, mit

Freunden aus Rüsselhausen werde ich zum großen Ostermontag-Flohmarkt fahren und hoffentlich einiges aus der Scheune verkaufen. Wir werden ratschen und Wein trinken und lachen – nur einen Steinwurf vom Martinshof weg, aber eben doch in einer anderen Welt: in meiner Zwischen-den-Welten-Welt. Nein: in meiner In-beiden-Welten-daheim-Welt.

Die Welt kommt auf den Martinshof

In einer Stunde gibt es bei uns iranisches Essen. Die Düfte wabern über den Hof, das Kochen ist in vollem Gange. Das ist auch eine der Neuerungen, die mir inzwischen schon in Fleisch und Blut übergegangen sind, dabei ist es etwas wirklich Besonderes: Einen Hof von der Größe des Martinshofs könnten wir vier, mein Vater, meine Mutter, mein Bruder und ich, nicht allein bewirtschaften, jedenfalls nicht zu den Hochzeiten. Besonders im Sommer brummt es auf dem Martinshof wie in einem Bienenstock. Einen ständigen Mitarbeiter oder eine Mitarbeiterin können wir uns nicht leisten – aber es gibt auf sehr vielen Höfen die Institution der Helferinnen und Helfer. Das sind Menschen, die eine Zeit lang auf dem Land leben und arbeiten wollen, einige von ihnen planen, ihr Obst und Gemüse selbst anzubauen, Milch und Käse für den Eigenbedarf zu produzieren, um autark zu leben – die haben natürlich großes Interesse daran, mehr über Landwirtschaft zu lernen. Andere sind in der landwirtschaftlichen Ausbildung, sie müssen Praxis-Erfahrung nachweisen, wieder andere sind auf Weltreise und machen im Rahmen von „work and travel“ Station auf dem Land – genau das, was ich damals in Neuseeland gemacht habe. Sie bleiben ein paar Wochen, manchmal sogar Monate. Gegen Kost und Logis arbeiten sie auf dem Martinshof mit. Einige von ihnen sind nun schon seit Jahren dabei, sie kommen regelmäßig wieder und sind inzwischen fast so etwas wie Familienmitglieder geworden. Als meine Oma noch lebte, war ihr persönlicher Ehrgeiz, die Leute besonders gut zu versorgen. Sie war ja für die Küche zuständig. Wenn nun ein besonders zartes Mädchen oder ein arg schmächtiger Junge als Helfer zu uns kamen, war ihr Lieblingsspruch: „Die werd ich schon aufpäppeln!“ Wenn jemand sich beschwerte, dass er oder sie trotz der harten körperlichen Arbeit zugenommen hatte, konterte sie: „Ich hab zwar gekocht, aber gegessen hast du!“

Auch meine Eltern fühlen sich verantwortlich. Armand aus Lettland nahmen sie regelrecht unter ihre Fittiche. Sie unterstützten ihn beim Führerschein, besorgten ihm einen Arbeitsplatz – er hat mittlerweile in Deutschland Fuß gefasst. Das mitzuerleben ist natürlich schön und noch schöner, dass es jetzt auch ein Martinshof-Helfer-Kind gibt. Er, aus den Niederlanden, sie, aus Thailand, lernten sich bei uns kennen, inzwischen sind sie verheiratet und haben einen dreijährigen Sohn.

Die Arbeit verbindet – und das Beste daran: Heute kommen die Helferinnen und Helfer aus aller Herren Länder.

Vojtech zum Beispiel kommt aus Bratislava. Er will später mal in Irland leben und arbeiten. Er ist einer von der schweigsamen Sorte. Er hat die erstaunliche Angewohnheit, sich wahnsinnig viele Scheiben Brot auf dem Teller zu stapeln, daraus kunstvolle Sandwich-Türme zu bauen und die dann wortlos in sich reinzustopfen. Aber er arbeitet wie ein Pferd. Ohne dass man ihn groß anleiten müsste, weiß er, was zu tun ist, packt bei allem mit an und hat es ruckzuck erledigt.

Die Helferinnen und Helfer arbeiten für und leben mit uns. Sie lernen von uns – aber wir, wir lernen auch von ihnen. Zu vielen besteht immer noch Kontakt, zum Beispiel zu Yumi aus Südkorea, die keine Europareise verstreichen lässt, ohne auf dem Martinshof vorbeizuschauen.

Und nun ist ein iranisches Pärchen seit einer Woche bei uns. Sie kommen aus Teheran, sind für ein dreiviertel Jahr mit dem Fahrrad in Deutschland unterwegs, machen auf dem Martinshof Station – heute kochen sie für uns. Statt dem üblichen Braten, Gulasch mit Spätzle und grünem Salat mit Tomaten gibt es Lamm mit Reis und Joghurt.

Das Herz des ausgebildeten Kochs – mein Herz! – schlägt höher, das Wasser läuft mir im Mund zusammen und ich muss ganz besonders an meine Großmutter denken. Ein Essen wie dieses wäre so recht nach ihrem Geschmack gewesen: Eine Menge Leute sitzen um den Tisch, es gibt etwas Besonderes, die Welt kommt nach Rüsselhausen, die Gespräche fliegen hin und her, wer kein Englisch kann, so wie meine Familie, hilft sich mit Händen und Füßen, wenn man will, kann man sich immer irgendwie verständigen.

»LANDWIRTSCHAFT IST …

eine Chance zu ergreifen«

NACHHALTIGKEIT IST ALLES, WAS WIR HABEN

Landwirtschaft ist ...

Sie sind Kult, die "Liebe ist ..."-Cartoons der neuseeländischen Zeichnerin Kim Casali, und haben mich schon in meiner Jugend genervt, nur die Diddl-Maus war schlimmer: jene Mini-Szenen, in wenigen Strichen, mit immer gleichem Personal. Sie und er. Sie: mit langen hellen Haaren, er: mit schwarzem Helm-Kurzhaar-Schnitt, beide nackt und merkwürdig alterslos. Unter den Bildchen stehen romantische Binsenweisheiten, die der Liebe auf den Grund gehen wollen. Zum Beispiel so: „Liebe ist ... was du daraus machst." Oder: „Liebe ist ... eine Chance zu ergreifen."

Wenn es statt um Liebe um Landwirtschaft ginge, sähe es nicht mehr so rosig aus: „Landwirtschaft ist ... dreckig" – dazu Bauer und Bäuerin, die im Kuhstall stehen und Mist schaufeln.

Oder: „Landwirtschaft ist ... laut" – und man sieht den Bauern, wie er auf dem Traktor über Land donnert und Abgase in riesigen Wolken in die Luft pustet. Wahrscheinlich grinst er dabei ziemlich blöd, sein abgehalfterter Schlapphut sitzt schräg auf dem Kopf, damit er noch blöder aussieht.

Und das wären noch die harmlosen Varianten. Heftiger wären Bilder und Bildunterschriften wie diese: „Landwirtschaft ist ... Gift." Auf der dazugehörigen Illustration gießt der Bauer aus der Giftflasche, mit Totenkopf drauf, versteht sich, und verpestet Boden und Trinkwasser.

Worauf ich hinauswill? Landwirtschaft und Landwirte werden pauschal verurteilt. Das ist nicht fair. Natürlich gibt es – wie überall – schwarze Schafe. Und mir ist klar, dass der Begriff „schwarzes Schaf" viel zu kurz greift, weil er verharmlost. Was wir deshalb dringend brauchen, ist, wie schon gesagt, eine Differenzierung.

Dass wir Landwirte den Boden und das Trinkwasser absichtlich vergiften wollen, ist völliger Quatsch. Trotzdem denken es viele Verbraucher. Die Verantwortung liegt aber vielmehr woanders: bei der Politik, die oft andere Interessen verteidigt. Wo also fängt die Täuschung an? Wer trägt die Verantwortung?

Dabei finde ich es außerordentlich wichtig, dass Pflanzenschutz und Düngen mit chemischen Stoffen inzwischen abgelehnt werden. Dass hinterfragt wird, wie sehr in die natürlichen Abläufe eingegriffen werden soll. Die Öffentlichkeit ist viel sensibler und bewusster geworden. Das ist wichtig und richtig.

Noch wichtiger aber wäre, die eigene Leichtgläubigkeit hartnäckiger zu hinterfragen und entschiedener nachzufragen, wer an welcher Stelle die Entscheidungen trifft und was das für Konsequenzen für alle hat. Denn nur dann können wir etwas ändern. Im Moment sind die meisten noch viel zu bereit, sich gegeneinander aufhetzen zu lassen. Die Bauern sind immer die Bösen. Die Verbraucher geizig. Das führt zu nichts. Dass Biobauern automatisch die guten Bauern sind, greift in dieser Einfachheit ebenfalls zu kurz. Und wie genau man hinschauen muss, um klarzustellen, wie regional die regionale Landwirtschaft tatsächlich ist, hatten wir ja schon.

Trotzdem gehen sowohl die Biolandwirtschaft als auch die regionale Landwirtschaft in eine neue Richtung. Sie sind entstanden aus der Überzeugung, dass wir so wie bisher nicht weitermachen können.

Diese Veränderungen müssen wir viel mehr publik machen. Wir dürfen ruhig stolz sein auf das, was Landwirtschaft heute sein kann, da, wo sie gelingt. Und wir müssen unbedingt an den Entwicklungen dranbleiben und noch weiter denken und noch weiter gehen, damit gilt: „Landwirtschaft ist ... was du daraus machst." Oder: „Landwirtschaft ist ... eine Chance zu ergreifen."

Die verschiedenen Seiten der Wahrheit

Am besten fangen wir vielleicht tatsächlich noch mal damit an aufzuzeigen, was Landwirtschaft ist. Wie? Indem wir den Blick schärfen und dabei nicht aus der Augen verlieren, aus welcher Perspektive wir die Sache betrachten. Schließlich kenne ich das aus eigener Erfahrung: Auch bei mir haben sich Sicht und Einsicht verändert, seit ich wieder auf dem Land lebe. Mein Blick als Städter auf die Landwirtschaft war ein fundamental anderer als der des Landwirts. Theorie trifft Praxis. Als ich noch in Hamburg und New York lebte, fragte ich meine Eltern auch immer wieder voller Empörung: „Was macht ihr da eigentlich? Warum kippt ihr das ganze Gift auf die Felder? Warum quält ihr eure Tiere?" Die ganzen Argumente eben, die man aus den Medien kennt. Und dabei bin ich auf einem Hof groß geworden und kenne den Alltag aus eigener Anschauung. Trotzdem war meine Sicht des Städters aufs Land wie vom Reißbrett. Und außerdem sehr romantisch.

Wenn das aber schon mir so geht – wie mag es für die sein, die keinerlei Abgleich mit der Wirklichkeit haben? Die sich zwar voller Engagement die Köpfe über Nachhaltigkeit heiß reden, aber noch nicht mal wissen, woher ihr Essen kommt?

Außenstehende machen sich kein Bild vom Ausmaß an Arbeit, sie machen sich kein Bild von den Schwierigkeiten, mit denen die Landwirtschaft sich heute auseinander setzen muss. Und mir fallen gleich mehrere Schlagworte ein, bei denen es fatal ist, sich allein auf die Darstellung der Medien zu verlassen.

Um nur mal eines zu nennen: Subvention. Wie oft habe ich bei Gesprächen im Bekanntenkreis gehört: „So gut wie ihr hätte ich es auch mal gern. Ihr kriegt vom Staat Geld, da ist es ja keine Kunst, wirtschaftlich erfolgreich zu arbeiten."

Was für ein Bullshit! Es zeugt von enormer Kenntnislosigkeit oder vorsichtiger gesagt: Das kommt davon, wenn man mitredet, ohne wirklich etwas von der Sache zu verstehen. Noch vorsichtiger gesagt: Dies ist die Sicht der Städter aufs Land und auf die Landwirtschaft.

Ich liefere jetzt mal eine, nämlich meine Gegendarstellung: Nahrungsmittel sind in diesem Land exorbitant billig. Dahinter steht die gute und richtige Einsicht: Jeder Mensch soll sich Lebensmittel leisten können. Stimmt! Nur ändert es nichts daran, dass die Produktion etwas kostet – sehr viel mehr als das, was am Ende für die Nahrungsmittel gezahlt wird.

Würden wir die Produkte, die wir vom Hof liefern, zu dem Preis verkaufen, der in Relation zu dem steht, was wir an Arbeit, Material und Zeit reingesteckt haben, würden sie viel, viel teurer werden. Und zwar für alle. Da ist dann von Bio und Nachhaltigkeit noch nicht mal die Rede. Die Subventionen sind mithin also nichts anderes als eine Überbrückung dieses finanziellen Abgrunds. Richtig ist also: Von den Subventionen, mit denen die Landwirtschaft unterstützt wird, profitiert am Ende jeder einzelne Verbraucher. Die Subventionen landen direkt auf den Tellern der Konsumenten. Bei uns Landwirten stopfen die Subventionen nur Löcher. Wir nutzen das Geld, nicht, um in den Urlaub zu fahren – die Verbraucher, die billig einkaufen, und dadurch Geld sparen, aber sehr wohl.

Wenn der Präsident des Deutschen Bauernverbands, Joachim Ruckwied, bei jeder Gelegenheit stolz verkündet, wir hätten noch nie so gute und billige Nahrungsmittel produziert, sagt das schon alles: Gut ist wirklich gut, wenn man die Diskussion um Rückstände und Tierwohl mal außer Acht lässt – aber möglichst billig? Das ist nichts, worauf man stolz sein könnte. Wer will denn schon billig sein? Niemand sonst würde sich das ans Revers heften – die Landwirtschaft schon. Und wir als Gesellschaft bezahlen dafür. Eine solche Haltung und Politik geht auf Kosten der Bauern, der Nachhaltigkeit, der Umwelt. Und wir Landwirte haben ohnehin verlernt, zu wissen und darauf zu pochen, was unsere Produkte wert sind.

Bis heute drückt sich der Staat vor der politischen Auseinandersetzung, die da heißen müsste: Lebensmittel müssten deutlich teurer sein, damit sich die Arbeit der Landwirte lohnt. Das ist ein derart heißes Eisen, dass es die Politik nicht anfassen will. Dabei muss man nur mal in anderen Ländern schauen, was dort Grundnahrungsmittel kosten, um zu erkennen, dass hierzulande das Essen zu billig ist.

Ganz bestimmt gibt es in unserer Gesellschaft genügend Menschen, die sich teure oder sogar Biolebensmittel nicht leisten können. Das kann aber nicht auf dem Rücken der Landwirte ausgetragen werden. Das Problem ist doch eher, dass das Vermögen unseres Landes ungleichmäßig verteilt ist. Hier sollte der Staat schnellstmöglich eingreifen. Wenn niemand mehr am Existenzminimum leben müsste, könnten sich die Leute auch teurere Lebensmittel leisten und kein Bauer müsste seinen Ertrag unter Wert verkaufen.

Unter uns gesagt: Wenn landwirtschaftliche Betriebe wie börsennotierte Unternehmen geführt würden, gäbe es kaum noch einen, so unrentabel sind sie. Dieses Dilemma über Subventionen zu lösen – bitte schön, kann man machen. Aber uns Landwirte dann als Bittsteller und Almosenempfänger hinzustellen geht nicht.

Die Subventionen stehen im Übrigen auf zwei Säulen: Zum einen kann die Fläche gefördert werden, die man bewirtschaftet. Das hat zur Folge, dass hauptsächlich große Betriebe unterstützt werden. Zum anderen sind bestimmte Maßnahmen zum Umweltschutz, die Landwirte zusätzlich ergreifen, förderungsfähig. Ein System, das nur aus der zweiten Säule besteht, wäre also sehr viel sinnvoller. Ein Großteil der Gesellschaft lehnt die Großbetriebe schließlich ab. Warum sollte sie diese dann fördern?

Was mir in der allgemeinen Debatte ebenfalls fehlt, ist, die wirklich Verantwortlichen zu benennen. Zum Beispiel die Bundesvereinigung der deutschen Ernährungsindustrie. Zu diesem Lobby-Verband gehören die großen verarbeitenden Nahrungsmittelproduzenten Deutschlands, unter anderem Nestlé, Coca Cola, Pepsi, die Nord- und Südzucker AG, Westfleisch EG, Töniess GmbH und viele mehr. Eine unglaubliche Macht, deren Interesse es ist, dass ihre Rohstoffe billig bleiben.

Ich wünsche mir für die Landwirte eine Interessensvertretung, die auf Augenhöhe mit der verarbeitenden Industrie verhandelt und kommuniziert und nicht in den Vorständen genau dieser Firmen sitzt. Hier herrscht ein gewaltiger Interessenskonflikt. Der deutsche Bauernstand sollte sich seinen Verband mal etwas genauer anschauen. In den letzten 60 Jahren hat sich überhaupt nichts geändert. Die Vorstände sind nach wie vor sehr eng mit der verarbeitenden Industrie verbandelt. Mit dem Argument, man müsse einen engen Kontakt pflegen. Davon profitiert die verarbeitende Industrie nur leider deutlich mehr als die bäuerliche Landwirtschaft.

Landwirtschaft ohne Handel funktioniert nicht. Und auch die verarbeitenden Unternehmen braucht es daher natürlich unbedingt. Es kann aber nicht sein, dass sie wie jetzt den Landwirten die Preise diktieren. Der Bauer kann in einem schlechten Jahr nicht sagen: „Ich musste Futter zukaufen, meine Milch wird teurer!“ Er bekommt das, was übrig bleibt, nachdem Molkerei und Lebensmittelhändler Gewinn erwirtschaftet haben, und kann dann versuchen, die Löcher über Direkthilfen vom Staat zu stopfen. Und in der Bevölkerung heißt es wieder: Warum kriegen die Bauern Geld? Vielleicht sollte unsere

Agrarministerin, statt dieses System aufrechtzuerhalten, es lieber so machen wie ihr schwedischer Kollege. Der sagte im Dürrejahr 2018 zu seinen Landsleuten: „Wenn ihr eure Bauern unterstützen wollt, dann kauft schwedische Lebensmittel."

Wir Landwirte müssen umdenken. Nicht weiterhin versuchen, immer noch billiger zu produzieren, sondern darauf bestehen, dass Qualität seinen Preis hat.

Macht und Möglichkeiten der Verbraucher

Einmal mehr kommen an dieser Stelle die Verbraucher ins Spiel. Sie haben einen weitaus stärkeren Hebel an der Hand, als ihnen offensichtlich bewusst ist. Weil die Verbraucher die Eier aus Käfighaltung nicht mehr gekauft haben, wurde die Käfighaltung eingestellt. Und wenn heute Discounter wie Lidl oder Aldi Bioprodukte in die Regale stellen, dann sicher nicht, weil sie ihre gesamtgesellschaftliche, ökonomische und ökologische Verantwortung erkannt haben, sondern weil sie gemerkt haben, dass ein Bedarf besteht: Die Leute wollen Bioprodukte kaufen, sie sind bereit, dafür mehr Geld auszugeben. Sie wollen bessere, nachhaltigere Produkte.

Nun könnte man sagen: „Passt doch, das ist doch ein guter Anfang" – und das ist es auch. Aber auch hier lauert der nächste Haken: Denn die Discounter, allemal die solcher Größenordnung, sitzen am längsten Hebel. Nach einer gewissen Zeit, wenn Bio sich als Marke etabliert hat, kann der Zwischenhandel die Preise beim Einkauf wieder drücken. Bio ist dann

Standard, bei der Menge, die die großen Discounter abnehmen, bestimmen sie die Einkaufspreise. Sie haben die Macht. Darum besteht die durchaus realistische Möglichkeit, dass sie den Landwirten weniger bezahlen, aber zum gleichen Preis verkaufen. Was sollen die Bauern dann machen? Sie haben sich in der Zwischenzeit womöglich auf die größere Nachfrage eingestellt, haben investiert, um liefern zu können. Ehe sie auf ihren Produkten sitzen bleiben, werden sie die schlechteren Bedingungen in Kauf nehmen. Das hat es in der Vergangenheit mehrfach gegeben. Dabei müssten wir Landwirte bestimmen, zu welchen Bedingungen wir liefern. Wir müssten uns zusammenschließen, Rücklagen bilden und den Spieß umdrehen: Ihr bekommt die Milch oder das Fleisch nur für einen anständigen Preis. Für den Preis, den es wert ist.

Ganz nebenbei haben die großen Bioverbände wie Bioland und Demeter die Macht der Discounter aber noch gestärkt und den kleinen Händlern, die mit ihren Marktständen und Reformhäusern Bio etabliert und über Jahrzehnte erst möglich gemacht haben, die Luft abgeschnürt. Wie soll eine Marktfrau argumentieren, dass ihr Gemüse von Bioland teurer ist als das von Lidl? Allein anhand des schönen Kauferlebnisses auf dem Markt wird es schwierig sein.

Wir produzieren mehr Bioprodukte und wir brauchen neue Absätze. So verträumt bin ich nicht, dass ich das nicht verstehe. Aber zertifizierte Bioprodukte in die Discounter zu bringen, ist der falsche Weg. Das Kaufverhalten muss überdacht und neu definiert werden.

Wenn Verbraucher die Bioprodukte nicht beim Discounter einkaufen würden, sondern in Biomärkten beziehungsweise wieder direkt beim Bäcker, Metzger, Gemüsehändler, wäre das das Konsequenteste und Nachhaltigste. Weg vom Großen, zurück zum Kleinen, um möglichst nah dranzubleiben an denen, die produziert haben, und die Kosten für den Zwischenhandel zu minimieren oder wenigstens kalkulierbar halten zu können.

Denn Zentralisierung ist immer riskant. Der, der am meisten abnimmt, bestimmt am meisten. Das sind übrigens auch diejenigen, die den Profit machen, nicht die Produzenten, nicht die Verbraucher. Aber gerade letztere können mitreden und mitgestalten.

Mir ist klar, dass man sich ein solches Kaufverhalten leisten können muss. Und ich will mich wie gesagt keinesfalls über irgendjemanden erheben, der sich das finanziell nicht erlauben kann. Aber ich weiß von mir selbst, dass man ab irgendwann nicht mal mehr die kleinen Schritte geht – aus mangelnder Kenntnis, aus Bequemlichkeit oder aus Gewohnheit? An diese Menschen wende ich mich. An sie richten sich meine Appelle. Kleinvieh macht schließlich auch Mist.

Und: Jeder von uns kann jederzeit über das eigene Konsumverhalten, die eigenen Bedürfnisse nachdenken.

Muss es wirklich die Flüssigseife sein, deren Herstellung Wasser und Energie ohne Ende schluckt und die am Ende einen Berg Plastikmüll produziert? Tut es nicht auch ein Stück Seife? Das unverpackt daherkommt? Das fühlt sich vielleicht erstmal komisch an, erst recht, wenn man auch beim Shampoo zur Seife greift. Die Haare sind vielleicht weniger fluffig. Aber ist das ein Problem? Auch das ist nur Gewöhnung.

Und dann der Einkauf im Internet. Amazon schmeißt das, was zurückgeschickt wird, im großen Stil weg. Also hilft nur eins: selbst umdenken, nicht mal einfach so drei Größen bestellen, damit eine dann schon passt. Oder einfach wieder in die Läden gehen.

Wir müssen nicht wieder auf den Bäumen leben – aber jeder von uns hat Schrauben, an denen gedreht werden kann. Wenn wir das an unseren jeweiligen Stellen, in unseren individuellen Leben tun, würde sich schon sehr, viel ändern.

Auch beim Fleischkonsum können wir umdenken: lieber weniger Fleisch, dafür gutes Fleisch – und zwar aus der jeweiligen Region, in der man lebt, und von Tieren, die ausschließlich mit regionalen Futtermitteln gefüttert wurden. Die Tonnen an Fleisch, die wir aus dem Ausland importieren, brauchen wir nicht. Oder auch das Futtermittel aus Südamerika: Soja beispielsweise wird dort im großen Stil angebaut. Hier beginnt der Kreislauf, der sich perfekt etabliert hat: Wir exportieren Maschinen, Autos, Technik, sie Soja und Fleisch. Die Auslastung ist perfekt, Schiffe fahren voll hin und voll wieder zurück. Die Verschiffung der dort benötigten Futtermittel und Nährstoffe ist mitverantwortlich für die Armut in den Schwellenländern. Wären es wenigstens kleine, bäuerlich geführte Betriebe, die dann vor Ort profitieren, wäre es ja noch hinzunehmen. Aber es sind die großen Konzerne. Sie kaufen die Flächen auf. Bieten den Bauern Arbeit und vermeintliche Sicherheit, da sie nicht mehr vom Wetter abhängig sind und ihr festes Gehalt bekommen. Diese Bauern verlieren aber ihre Unabhängigkeit. Über Generationen hat man dort auf dem eigenen Land vom eigenen Land gelebt. In Anstellung sind die Mittel der Bauern so gering, dass sie ihre Familien nicht mehr ernähren können und in die nächstgrößere Stadt ziehen. In der Hoffnung, dass ihre Kinder es einmal besser haben werden.

»Wir Landwirte
müssen
UMDENKEN.«

Nach wie vor werden Wälder für Weideflächen gerodet und Rinder vervielfachen den CO_2-Ausstoß. Ich finde: Es ist unsere soziale und ökologische Verantwortung, das zu ändern, wo immer wir können.

Also machen die Vegetarier, die auf Fleisch verzichten, es richtig? Bedingt. Sie konsumieren zumindest kein importiertes Fleisch, aber für Milch und Käse brauchen wir Kühe, die Kälber gebären. Was passiert mit denen? Eine Kuh kalbt in ihrem Leben vier- bis fünfmal, gehen wir davon aus, dass im Schnitt 40 bis 50 Prozent der Kälber weiblich sind und Milchkühe werden – was geschieht dann mit den zwei bis drei Bullenkälbern pro Kuh? Für die Zucht braucht man wenige, der Rest wird geschlachtet. Wer Milch trinkt und Käse isst, muss also auch Rindfleisch essen. Und zwar von einer Rasse, die eben auch Milch bringt. (Ein Wagyu-Steak scheidet da leider aus.) Die Tiere sind dann nun mal da und können aus ökologischen und ökonomischen Gründen nicht am Leben gelassen werden.

Schwierig. Um zuletzt den Bogen ganz weit zu spannen und aufzuzeigen, bis wohin die Konsequenzen einer solchen Kette aus – ja, was eigentlich? Aus Missverständnissen? Aus mangelnder Auseinandersetzung? Aus Profitdenken? Aus Gier? – führt: Unser billiger Überschuss, der schließlich nach Afrika geht, löst dort nicht etwa Probleme. Er schafft neue. Lokale Bauern können nicht mit den Billigpreisen mithalten und verlieren ihre Existenz. Wenn deren Kinder in der Folge versuchen, sich als Flüchtlinge in Europa eine bessere Zukunft aufzubauen, sind sie uns lästig. Dabei haben wir ihnen das Leben in ihrem Land letztendlich durch unser Fehlverhalten unmöglich gemacht.

Scheunen- und Hoftore auf!

Was es also braucht, ist mehr Information, mehr Wissen und mehr Sachlichkeit. Auf allen Seiten. Deshalb müssen die Erzeuger und die Verbraucher sich treffen und miteinander reden statt nur über- und gegeneinander. Jedes Jahr findet in Berlin *Die Grüne Woche* statt. Jedes Jahr wird demonstriert: Verbraucher gegen Landwirte, Umweltschützer gegen Bauern. Auf den Schildern der einen Seite steht: „Wir haben es satt!", auf den Schildern der anderen: „Wir machen satt!"

Beides stimmt. Doch statt des ewigen, ergebnislosen Tauziehens sollten beide Seiten sich zusammentun und an einem Strang ziehen. Schließlich geht es um unser aller Zukunft.

Umweltschutz, Feinstaubbelastung, Artenvielfalt, Insektenvernichtung, Insektensterben, Wiederverwertbarkeit, Nachhaltigkeit, industrialisierte Landwirtschaft, Intensivlandwirtschaft mit allen katastrophalen Folgen, auch mit der, dass unzählige Insektenarten kurz vor dem Aussterben sind – das ist nicht losgelöst voneinander zu betrachten. Und es ist weitaus komplizierter als oft gedacht.

Darum möchte ich beide Seiten ins Gespräch bringen. Das Ziel: Transparenz, um die Öffentlichkeit zu informieren und immer mehr Landwirte und Verbraucher anzustecken, etwas zu tun.

Denn mein größtes Anliegen ist die Aussöhnung von Verbrauchern und Erzeugern.

Am Anfang steht Aufklärung. Die Frage bleibt: Wie kriegt man Leute auf den Hof, um ihnen zeigen und erklären zu können, was wir tun, und warum wir es so und nicht anders machen?

Und damit meine ich jetzt wirklich alle Ansätze: Wenn ein Landwirt Kälber enthornt, dann muss er dahinterstehen und diese Praxis vertreten können. Das Gleiche gilt für die Besamung der Kühe. Das ist vielleicht ein befremdlicher Anblick, da will niemand Zuschauer haben, und trotzdem finde ich: Wenn du dich schämst, ist etwas verkehrt. Wenn ich etwas mache, von dem ich nicht möchte, dass ein anderer es sieht, läuft etwas schief. Dann mache ich offenbar etwas Falsches, sonst müsste ich es ja nicht heimlich tun. Darum muss jeder wissen, was er tut und warum. Man muss es begründen können, auch wenn es in einzelnen Fällen lediglich das kleinere Übel ist, dem man folgt.

Nehmen wir nochmal das Thema Glyphosat. Neben all den negativen Eigenschaften, die es hat, kann es den Boden auch vor Erosion schützen. Denn entfernt man das Unkraut vor der Aussaat durch das Abspritzen mit dem Mittel, kann man auf das Umpflügen der Böden, durch das die Erosionsgefahr erhöht wird, verzichten.

Der Landwirt, der Glyphosat verwendet, sieht also vielleicht in erster Linie den Schutz vor Bodenerosion – einem wichtigen Bestandteil nachhaltiger Landwirtschaft. Einmal mehr gilt: Es ist nicht so einfach, wie es aussieht.

Als Landwirt muss man jedes Mal eine Entscheidung treffen. Meine sieht so aus: Ich bin ganz klar gegen Glyphosat, schütze den Boden durch Begrünung und spezielle Fruchtfolgen vor Erosion und verzichte auf sämtliche synthetischen Dünger und Pflanzenschutzmittel. Die Verbraucher treffen dann ihrerseits die Entscheidung: Wollen sie meine Produkte, die aufwendiger produziert und daher teurer sind, oder die des konventionellen Bauern. Um das zu entscheiden, müssen sie aber verstehen, was wir Landwirte tun. Genau diese Transparenz fehlt jedoch. Der Verbraucher müsste die Möglichkeit haben, auf der Verpackung nachzuvollziehen, wo die Produkte herkommen, wie sie verarbeitet wurden, und was sie beinhalten.

Rinderwurst oder Putenwurst, der man noch immer einen bestimmten Anteil andere Sorten von Fleisch beimischen kann, ohne es deklarieren zu müssen, sollte längst tabu sein. Es sollte schlicht nicht möglich sein, auf die Wurst zu schreiben, sie sei in Deutschland hergestellt, wenn das Rind oder sein Futter aus dem Ausland kommen. Den Verbrauchern fehlen an allen Ecken und Enden wichtige Informationen.

Ein anderes Thema ist das Bienensterben, das ein riesengroßes und wichtiges ist, aber bei dem mit viel Halbwissen argumentiert wird. Denn gesetzlich einzufordern, dass die Wiesen nicht zu früh gemäht werden, ist einseitig gedacht. Für die Bauern bedeutet das späte Mähen, dass das Futter minderwertiger wird. Die Energie in der Pflanze geht verloren. Um das auszugleichen, müssten wir auf andere Energie zurückgreifen, im schlimmsten Fall auf Palmöl. Und wir wissen genau, welcher Teufelkreis damit wieder eröffnet würde.

Darum ist es besser, im Wechsel zu mähen, ein Stück Wiese früher, für Heu etwas später, und Blühstreifen neben den Äckern anzulegen. Und die Städter? Die können im wahrsten Sinne des Worte vor der eigenen Haustür kehren – oder lieber nicht kehren: statt pflegeleichter Steinwüste im Vorgarten und Rasensteppe hinterm Haus mehr Blumen und Unkraut in die Gärten bitte!

Es macht also Sinn, genau hinzuschauen und vorsichtige, differenzierte Schlüsse zu ziehen. Es ist wichtig, sich die unterschiedlichen Praktiken und Möglichkeiten wirklich anzuschauen und erklären zu lassen und sich dann erst eine Meinung zu bilden.

Darum kann ich an meine Kollegen nur appellieren: Öffnet eure Hof- und Scheunentüren, ladet Verbraucher zu Gesprächen ein! Zeigt, was ihr macht, legt die Karten auf den Tisch und macht deutlich, wie viel Kraft und gute Ideen, wie viel Durchhaltevermögen und Anstrengungen es braucht, um als Landwirt nicht nur überleben, sondern angemessen leben zu können. Denn genau darauf sollten wir bestehen. Nichts daran ist ehrenrührig, alles daran ist realistisch und wichtig, denn sonst will keines unserer Kinder, Neffen oder Nichten später die Höfe übernehmen. Und was wäre eine Gesellschaft ohne Bäuerinnen und Bauern?

Manchmal überlege ich, eine Art Musterhof zu eröffnen, zum Beispiel an jedem ersten Wochenende im Monat. Wir könnten Familien einladen und die Menschen wieder reinholen, damit sie mit eigenen Augen sehen, was Bauern tun und leisten. Damit sie fragen können. Und wir – wir müssten natürlich auch zuhören.

Die Nachhaltigkeit, da bin ich mir sicher, würde dann nicht länger mir nichts, dir nichts an der Kasse abgegeben. Man würde sich vielleicht öfter fragen, ob es wirklich immer nur das Billigste vom Billigen sein muss oder ob zumindest hin und wieder Bio in der Kalkulation drin ist? Oder man würde anfangen darüber nachzudenken, wie jeder Einzelne am Obst- und Gemüsestand auswählt: Suchen wir immer nur die roteste Tomate? Die geradeste Gurke? Dürfen Kartoffeln Druckstellen haben? Das Auge isst mit, schon klar, aber der Anspruch nach dem perfekten, und zwar in dem Fall dem optisch perfekten, Nahrungsmittel ist unnötig und führt in die falsche Richtung.

Nach milden Wintern und bei heißen Sommern wie im letzten Jahr haben Schädlinge freie Bahn, weil sie nicht erfrieren, andererseits die Pflanzen durch die Hitze geschwächt sind. Das führt nicht immer zur Katastrophe, aber vielleicht zur einen oder anderen braunen Stelle etwa beim weißen Rettich. Die kann man rausschneiden, der Rettich ist gut genießbar. Aber macht das jemand? Wollen wir nicht doch lieber das Makellose?

Dazu kommt noch die Frage des Geschmacks: Wie viel intensiver schmecken die Erzeugnisse vom Bauernhof! Darum ist auch das ein probates Mittel: den Konsumenten den schlechten Geschmack zu verderben und sie zum guten Geschmack zu verlocken.

Dabei weiß ich sehr wohl, wie schwierig das ist. Es geht ja schon ein Riss durch unsere Familie, der groß genug für Grabenkämpfe werden kann. Aber ich weiß auch: Immer wieder haben wir uns zusammengerauft. Immer wieder versuche ich für mich, die Emotionen und Befindlichkeiten auseinander udividieren und voneinander zu trennen. Meine von denen meiner Familie, unsere individuellen Gefühle vom grundsätzlichen Frust über politische Entscheidungen.

Und bei all dem müssen wir darüber hinwegsehen und hinwegkommen, dass Entwicklungen so lange dauern, wie sie nun mal dauern. Also gilt wieder: nicht aufgeben. Dann bleibt mir am Ende doch die Erkenntnis, zur richtigen Zeit am richtigen Ort zu sein, um meine Welt im Kleinen voranzubringen und dadurch auch in der großen Welt etwas zu verändern.

Der andere Weg

Mich hat schon vor vielen Jahren, damals noch im Zusammenhang mit der Modewelt, das Nachfragen und Nachdenken zur Nachhaltigkeit gebracht. Am besten gelingt sie meiner Meinung nach über die Vereinfachung der Prozesse und Abläufe. Gegen die ganze irrsinnige Beschleunigung, gegen das ganze Mehr-Mehr-Mehr hilft nur eine entschiedene Entschleunigung und ein genauso entschiedenes „Weniger ist mehr". Reduktion, Beschränkung, Konzentration – das sind meine Schlüsselwörter. Statt sich zu verzetteln, immer mehr anzuschaffen, mehr Land, mehr Vieh und so weiter, was dann wiederum stets mehr Arbeit nach sich zieht, sollten wir uns konzentrieren. Das wird dann zum jeweiligen Markenzeichen. Bei uns, auf dem Martinshof, sind es die Wagyu-Rinder. Vielleicht werden uns eines Tages der Verkauf ihres Fleisches und ihre Zucht besonders auszeichnen.

Natürlich sind wir nicht die Einzigen, aber es muss auch nicht alle, neu erfunden werden. Mir geht es nicht um die Sensation, der Erste zu sein, der etwas Bestimmtes macht – mir geht es um Veränderung. Genau darin liegt mein Verständnis von Kreativität und Innovation. Für mich ist es der Versuch, mit dem und aus dem, was da ist, etwas Neues, etwas Besonderes zu machen, indem man es in andere Kontexte stellt. So entsteht Wandel. Es muss nicht jedes Mal eine Revolution sein. Viel wichtiger ist der erste Schritt, auch wenn der vielleicht klein oder unbedeutend ist. Doch er ist besser, als immer nur von Veränderungen zu reden und zu träumen, aber nichts davon je in die Tat umzusetzen.

Der Martinshof verfügt heute über 120 Hektar Land. 90 Hektar davon sind Ackerland, 30 Hektar sind Grünland. Wir bauen Gerste, Weizen, Roggen, Dinkel, Hafer, Silo-Mais, Kartoffeln, Erbsen, Luzerne und anderes Ackerfutter an. Die Gerste verwenden wir zum Füttern unserer Rinder, das restliche Getreide geht bei guter Qualität in den Verkauf oder wird sonst ebenfalls verfüttert.

Meine Perspektive für den Martinshof ist: Ich möchte einen Ort schaffen, der nachhaltig ist und der von der Landwirtschaft leben kann, der also wirtschaftlich autark und erfolgreich arbeitet. Es bringt mir nichts, eine schöne Blumenwiese zu haben und sie in zwei Jahren verkaufen zu müssen, weil mir das Geld ausgegangen ist. Idealismus allein hilft nicht weiter.

Zukunftsmusik und der Klang der Gegenwart

Nachhaltigkeit und Rentabilität sind die Säulen, auf denen alles aufbaut. Davon ausgehend ist mein Ziel, den Ertrag, womöglich den Gewinn, sinnvoll in die Zukunft zu investieren. Für mich heißt das nicht, den Hof zu erweitern und auf Expansion zu setzen. Im Gegenteil. Mir geht es darum, zu bewahren und instand zu halten, was wir haben, und das, was wir besitzen, auf ein Maß runter zu fahren, das wir mit unserer Arbeitskraft bewältigen können.

Ich möchte zukünftig den Bestand an Milchkühen auf die Menge reduzieren, die wir für den Eigenbedarf brauchen und ansonsten ganz auf Wagyu-Rinder umstellen. Der Wagyu-Markt ist im Aufbau. Keiner weiß genau, wohin das führt, noch ist

Wagyu-Zucht eine Nische. Aber ich entscheide mich mit den Wagyus für eine Rasse, die robuster und pflegeleichter ist als die Schwarzbunten. Eine, die ich mag, mit der zu arbeiten mir Spaß macht, und deren Fleisch der Verbraucher will. Es ist ein Fleisch, das gut schmeckt und gut ankommt. Auch das ist eine Art von Wertschätzung, die bestärkt. Ich habe ein gutes Gefühl dabei. Ich stehe hinter dem, was ich tue. Und: Ich möchte auch hier nicht ins Uferlose expandieren. 1.000 Wagyu-Rinder, wie es eine Handvoll Höfe heute schon haben, will ich nicht. „Weniger ist mehr" gilt für mich auch in dem Zusammenhang.

Und schließlich möchte ich alle Gebäude, die wir haben, Stück für Stück renovieren. Die drei Scheunen könnten zu Ferienwohnungen umgebaut werden. So hätten wir die Möglichkeit, Erholung auf hohem, individuellem Niveau anzubieten – das, was eben nicht jeder hat.

Auf diese Weise können wir Menschen auf den Martinshof holen, die bisher mit dem Landleben wenig am Hut hatten. Nun verbringen sie vielleicht eine gewisse Zeit bei uns, leben mit uns, vielleicht arbeiten sie sogar mit uns und können sich ganz unmittelbar ein Bild von der Landwirtschaft machen.

Auch das Prinzip der Helferinnen und Helfer würde ich gerne noch weiter ausbauen, und zwar nicht, um billige Arbeitskräfte zu generieren, sondern wieder, um das Wissen und die Erfahrung weiterzutragen. Das, was ich vor fast 20 Jahre in Neuseeland bei „work and travel" erlebt habe, kann man auch nach Deutschland verlegen: nämlich eine andere Gegend, eine andere Arbeit, andere Lebenskonzepte und Lebensrealitäten kennenzulernen und dadurch den Blick aufs eigene Leben zu verändern.

All das sind Möglichkeiten, den Martinshof lebendig zu halten und immer wieder anders zu gestalten. Und noch etwas liegt mir ganz besonders am Herzen. Es ist ein Kernstück meiner Vision für den Martinshof: Ich möchte einen Ort für Kultur errichten, weil mir die Kultur, das Schöne, die Ästhetik selbst so besonders viel bedeuten.

Für Konzerte und andere Kleinkunst-Events haben wir die große Scheune und den Innenhof – beides ist eine perfekte Kulisse. Die Leute aus den umliegenden Dörfern wären ein willkommenes Publikum, wir würden ergänzen, was schon da ist, denn es kann gar nicht genug kulturelle Angebote geben. Gerade für die Jüngeren stelle ich es mir bereichernd vor, aber schlussendlich steigert es die Lebensqualität für alle.

Und in der Nebensaison, im Spätherbst, wenn nicht mehr so viel los ist, könnten die Ferienwohnungen an Künstler vergeben werden: „artist in residence", mitten im Hohenlohischen.

Das wäre die perfekte Verbindung aus meinen beiden Welten: das Beste von beiden an einem Ort. Glamour meets Landleben, Kultur trifft Kuh, Kreativität trifft Kreativität. Es würde das Leben hier noch schöner machen. Und der Martinshof würde auf diese Weise zu einem Ort der Begegnung – so, wie es immer mein Plan gewesen ist.

Je weiter wir mit den Arbeiten auf dem Martinshof vorankommen, je mehr alles Gestalt annimmt, umso mehr entspannt sich die Lage. Ich sage weniger Nein, ich sage mehr Ja – gerade auch, was meine Familie betrifft. Ich tanze nicht mehr zwischen den Welten hin und her. Ich bin weniger zerrissen.

Um politische Verantwortung übernehmen zu können, fange ich auch hier klein an, kandidiere für den Ortsrat und werde gewählt. Zwar knapp, aber immerhin. Wie zuvor mein Vater werde jetzt auch ich einmal im Monat zu den Versammlungen gehen und mitreden. Ich habe meinen Vater gefragt, warum er diese ehrenamtliche Arbeit so lange zusätzlich zu allem anderen übernommen hat. Seine Antwort: „Wer etwas verändern und verbessern will, kann nicht immer nur meckern. Der muss sich eben auch engagieren." Schon sein Vater war ja Bürgermeister, und als es dieses Amt nicht mehr gab, weil Rüsselhausen eingemeindet wurde, Ortsvorsteher. Mein Vater hört in diesem Sommer nach Jahrzehnten auf. Ich fange an. Der Staffelstab wird weitergegeben.

Wo es die letzten Jahre hieß: Irgendwo muss ich anfangen, ist mein Motto heute: Ich mache erst mal weiter. Es sind die kleineren Baustellen, die mich beschäftigen. Die Abstellräume neben meinem Haus sollen endlich einen schönen Überbau bekommen. Mit meinem guten Freund Karl verkleide ich das aufgemauerte Stockwerk mit Holz, wir setzen alte Flügelfenster ein, schon sieht es um Welten besser aus und ich habe einen Raum dazu gewonnen.

Obwohl Karl jenseits der 70 ist, packt er unermüdlich mit an. Er und seine Frau Jutta sind meine besten Freunde im Dorf. Vielleicht, weil sie auch so viel aufgebaut haben: Vor Jahrzehnten, als ich selbst noch ein Kind war, kauften sie den alten Hof direkt neben der Kirche, der damals völlig runtergewirtschaftet war. Bei ihnen erlebte ich das erste Mal, was es heißt, aus etwas Heruntergekommenem eine Idylle zu machen. Sie waren meine Lehrmeister. Heute ist ihr Haus eine der Perlen des Dorfes. Ein altes Fachwerk-Gemäuer mit blühendem Garten, bis ins kleinste Detail verschönert, und zwar von außen wie von innen. Jutta ist sowieso die Königin der Dekoration. Was sie sich einfallen lässt, könnte ganze Ratgeber füllen.

Wenn mir daheim die Decke auf den Kopf fällt, kann ich am Abend immer auf ein Gläschen Wein bei den beiden vorbeikommen. Dann reden wir bis in die Puppen und die Welt sieht wieder anders aus. Jutta sortiert immer wieder etwas aus, das ich gebrauchen kann, dann wieder finde ich etwas, das zu den beiden passt. Wir versorgen uns gegenseitig mit Pflanzen und mit altem Kram. Ist irgendwo im Umkreis ein Flohmarkt, fahren wir zusammen hin und stöbern nach neuen Schätzen. Wir teilen vieles, auch die Begeisterung für schöne alte Dinge. Die beiden stehen mir mit Rat und Tat zur Seite. Wir helfen einander.

Rot, rot, rot sind alle meine Farben

Apropos helfen: Noch etwas habe ich in diesem Sommer in Angriff genommen. Ich habe endlich die Grundausbildung bei der freiwilligen Feuerwehr absolviert. Drei Monate hat es gedauert, jetzt hängt an meiner Garderobe im Flur die schwere Einsatzjacke mit den reflektierenden Streifen. Wenn es brennt und die Feuerwehr gerufen wird, habe ich eine Ausrüstung, gehe runter zum Feuerwehrmagazin und bin dann zuständig für so was wie Schläuche verlegen oder Straßen absperren. Ich bin das kleinste Glied in der Kette, aber das reicht mir. Ich habe nicht die Ambition, Leben zu retten. Ich möchte nur Bescheid wissen, was zu tun ist, damit, wenn die großen Feuerwehrwagen vorfahren, alles für den Einsatz vorbereitet ist und die Feuerwehrleute loslegen können.

Im Zuge meiner Ausbildung zum Landwirt musste ich einmal miterleben, wie unfassbar schnell ein Feuer um sich greifen kann. Das war im Rahmen meiner überbetrieblichen Ausbildung auf dem staatlichen Lehrhof in Aulendorf – abends brach im Kuhstall Feuer aus und der Stall brannte bis auf die Grundmauern ab. Als der Alarm losging, konnte ich das erst gar nicht zuordnen: „Och nö, um die Zeit noch eine Übung?!" Dann sah ich, dass die Flammen schon aus dem Dach schlugen. Wir rannten raus, ein paar Leute standen rum, wir schrien: „Schnell! Schnell! Alle Viecher raus!" Und wir schafften es tatsächlich: Alle Tiere überlebten. Aber die Geschwindigkeit, mit der sich dieses Feuer ausbreitete und drohte, auf andere Gebäude überzuspringen, hat mich wirklich umgehauen. Ich sagte mir: „Das geht nicht, dass ich in Rüsselhausen lebe, die meiste Zeit auch vor Ort bin und nicht weiß, was zu tun ist, wenn es brennt."

Deshalb ging ich zur Freiwilligen Feuerwehr. Und hier sollte das erste Mal im meinem Leben passieren, was meine Großmutter prophezeit hatte: dass ich als Homosexueller manchmal anecken würde. Denn vor meinem Eintritt wurde heiß diskutiert, ob man für mich eine separate Umkleidekabine einrichten müsse. Ich war unsicher, ob ich das lustig oder total daneben finden sollte. Wahrscheinlich wollte man nur nichts falsch machen, aber verletzend kann eine solche Diskussion eben doch sein. Letztlich machte sie mir deutlich, dass meine Sexualität für die Menschen im Dorf doch nicht so normal war, wie ich bisher angenommen hatte, auch wenn sie mir das zuvor noch nie offen gezeigt hatten.

Geändert hat diese Erfahrung übrigens nichts. Ich mache es mir nicht zur Aufgabe, die Einstellung der Menschen zu ändern. Ich versuche einfach, mich ihnen gegenüber normal und unbefangen zu verhalten, sodass erst gar keine Gräben entstehen können. Allerdings konnte ich mir nicht nehmen lassen, meinen Spind mit Bildern von heißen Feuerwehrmännern zu dekorieren.

Mit meinem Einritt signalisierte ich natürlich auch mein Engagement fürs Dorf: Ich bin Teil der Gemeinschaft und ich möchte etwas für die Gemeinschaft tun. Es ist Ausdruck meiner Verbundenheit mit Rüsselhausen.

Und die erlebe ich gerade sehr. Dazu gehören auch Szenen wie diese: Es ist Abend, ich habe den Tisch auf meiner Terrasse freigeräumt, es ist zu warm, um drinnen zu sitzen. Von unten kommt Carmen mit einer Freundin die Straße hoch, wir winken uns zu, zwei wildfremde Frauen sind auch dabei. Die vier steigen die Stufen zu meiner Terrasse hoch, setzen sich zu mir. Das war's dann wohl mit meinem Gin Tonic zum Feierabend, in kleiner Runde, nur mit mir allein. Ich hole vier weitere Gläser, stelle mehr Tonic Water kalt, die nächsten Stunden wird getrunken und gelacht. Lustig und zünftig ist das und sehr typisch: Es ist ein stetes Kommen und Gehen auf einem Hof. Du bist neu hier? Macht nichts! Setz dich her! Wer Zeit und Raum für sich braucht, hat ein Problem. Oder er muss drinnen bleiben.

Bin ich Bauer?

Bis heute gibt es Leute, die mir den Bauern nicht abnehmen. „Du kannst ja nicht mal Traktor fahren", sagen sie. Und das stimmt. Aber das könnte ich lernen, denn es gibt nichts, was man nicht lernen kann. Die wenigsten hätten mir zugetraut, dass ich durchhalte. „Das schafft der doch nie!", „Wetten, der fährt den Karren vor die Wand?", war Dorfes Stimme. Wenn ich einräume, dass ich etwas noch nicht beherrsche oder weiß, kann es immer noch heißen: „Was weißt du denn überhaupt?"

Ich weiß, dass ich genug weiß. Sowieso werde ich lieber unterschätzt als überschätzt und trotzdem ist es schon merkwürdig, wenn ich durchs Dorf gehe und eine Handvoll Leute unverändert sagt: „Ah, der Gerd, schön dich zu sehen, besuchst du deine Familie? Wie nett!"

Nein – ich lebe hier. Ich bin Bauer. Auch wenn mir klar ist, dass ich mehr Freiheiten habe als andere Landwirte. Das verdanke ich meiner Familie, die mir ermöglicht, immer wieder zu verreisen oder Urlaub zu machen.

Seit der NDR die Reportage „Vom Modefotografen zum Biobauern“ ausgestrahlt hat, verändert sich die Stimmung. „Kann es sein, dass wir dich im Fernsehen gesehen haben?“, werde ich inzwischen immer wieder gefragt.

Häufig von Landwirten, die mir dann die Geschichte erzählen, wie sie ihren Hof aufgeben mussten. Nicht weil sie schlecht gewirtschaftet hätten oder es nicht mehr wollten, sondern weil die Rahmenbedingungen sie in die Knie zwangen. Sie wollten nicht mehr wachsen und mussten deshalb weichen.

Auch dieser Dokumentarfilm hatte sich durch Zufall ergeben. Ich war auf dem Geburtstag einer Freundin mit der Redakteurin ins Gespräch gekommen, sie war interessiert an meiner Geschichte, hat recherchiert und die Dokumentation gedreht. Inzwischen ist die, glaube ich, mehr als zehnmal gelaufen. Es gehört zu den Erfahrungen, die ich mir niemals hätte ausmalen können. Das Beste daran: Der Film verschafft mir die Möglichkeit, öffentlich zu machen, was ich als so überaus wichtig erachte, und ein breiteres Publikum damit zu erreichen.

Das ist auch der Wunsch, den ich für dieses Buch habe. Ich wurde darauf angesprochen: Ob ich mir vorstellen könnte, meine Geschichte auch in Buchform zu erzählen? Ja. Schon. Erst gab es die Doku – jetzt ist das Buch Forum für meine Gedanken und Fragen. Denn ich werde nie aufhören, Fragen zu stellen. Es zwingt mich selbst, in eine möglichst differenzierte und ehrliche Auseinandersetzung. Mein Wunsch dabei: Andere in diesen Prozess mit einzubeziehen. Andere anzustecken.

Da halte ich es eben nicht mit einem Lieblingssatz der Dörfler: „I soch net so oder so no kou koner soche, i hob so oder so gsocht.“

Ich will ganz bewusst „so“ sagen – auch wenn das bedeutet, mich angreifbar zu machen. Ich will „so“ sagen, auch wenn das bedeutet, Fehler einzuräumen. Dann erst, von dort aus, lässt es sich gut weiterdenken und weitergehen.

Das nächste Hoffest kommt gewiss

Seit Wochen beschäftigt mich unser Hoffest im Juni. Ein Wochenende lang wird der Martinshof Bühne für ein Musik-Event. Fünf Monate zuvor hat uns das Kulturamt der Stadt Niederstetten angesprochen, ob wir uns eine Kooperation vorstellen könnten. Sie hatten unseren Weihnachtsmarkt besucht und waren begeistert gewesen. Ich muss nicht lange nachdenken: Das passt perfekt in mein Konzept. Vom 28. bis 30. Juni 2019 gibt es auf dem Martinshof wieder eine Premiere: unser erstes Hoffest dieser Dimension. Ich buche die Bands für den Eröffnungsabend am Freitag und für den Sonntag: *Johkurt, Paulaner & Mannequin* bilden den Auftakt, zum Ausklang spielt ab Sonntagmittag das *Hohenlohe Jazzkränzchen* auf. *Hiss* hat den Haupt-Gig am Samstag, den hat die Stadt organisiert. Alles andere liegt bei uns. Und das ist nicht zu unterschätzen.

Ich fange mal wieder irgendwo an, räume die Scheunen aus, plane die ganze Logistik. Wir brauchen eine große Bühne, wir brauchen eine Küche in der Scheune für die Verköstigung. Es soll Hamburger, Grünkernküchle, Bratwürste und Pommes geben, alles aus eigener Herstellung. Und zwar wirklich alles. Spätestens, als wir damit anfangen, die Pommes selbst zu machen, zeigen die Leute uns (und auch ich mir selbst) einen Vogel.

„Wenn schon, denn schon" ist aber unsere Devise, Carmens Schwiegermutter, meine Tante Gudrun und zwei Nachbarinnen schälen stundenlang Berge von Kartoffeln von unserem Acker.

Wir schlachten eine Kuh für das Fleisch der Burger und die Würste. Die Tomaten, Zwiebeln, Gurken, Karotten, die Kräuter und Salate sind von der Biogärtnerei um die Ecke, die Säfte sind aus unserer Herstellung, nur Bier, Wein und Wasser kaufen wir dazu.

Die letzten Tage vor der Eröffnung sind der reine Wahnsinn. Wir schleppen und schleppen und schleppen. Wir räumen den Möbel-Speicher aus, verteilen alte Tische und Stühle, Sofas und Sessel im Hof und in den Scheunen. Ich will keine In-Reih-und-Glied-Bestuhlung für die Konzerte, ich will einen lockeren Aufbau, damit die Leute sich ungezwungen mischen und miteinander unterhalten können. Auf einem alten Bett unterm Sonnenschirm können Leute fläzen. Auf der Wiese hinter der Scheune habe ich sowieso nur Betten aufgestellt, wo Matratzen oder Sitzmöglichkeiten fehlen, verwenden wir Heuballen, etwas zwischen Liegewiese und überdimensionaler Sofaecke dabei rauskommt.

Ein alter Leiterwagen hier, ein paar Milchkannen dort, alte Türen werden zu Paravents, auf einer Schulbank, wie sie meine Großeltern noch gedrückt haben, steht die Kasse. Jutta wirbelt einmal über den Hof und positioniert alles bis ins kleinste Detail. Keiner schafft es, an ihr vorbei etwas einfach nur hinzustellen. Alles wird noch mal gerade gerückt. Ich nenne sie liebevoll „Styling-Ursel". Sie und ich sind ganz in unserem Element.

Wahnsinn!

Am besten gefällt mir die Bar. In einer Ecke werden zwei alte Holzleitern aneinandergestellt. Bettlaken drüber, weil die Lebensmittelüberwachung eine überdachte Bar wünscht – alles in allem sieht es aus wie vor vielen Jahren beim Höhlenbauen. Und da ist sie wieder, die Erfahrung von früher: mit den Händen etwas machen, tut gut. Auf einem Regalbrett stehen die ganzen Flaschen, dahinter lehnt eines der kitschigen Jesus-Bilder aus meiner Sammlung im Goldrahmen. Der Herr segnet sozusagen den Suff. Oder das Vergnügen.

Zwei Freundinnen von mir geben die Barkeeper, überhaupt kommt mir eine überwältigende Hilfsbereitschaft entgegen. Alle, alle packen mit an, meine Familie, Freunde, Bekannte und sogar Unbekannte. Zum Glück hält das Wetter, wir können, was wir schon aufgebaut haben, draußen stehen lassen, während der Countdown läuft.

Am Donnerstag vor der Eröffnung reist meine Freundin Simone mit ihrer Tochter Emelie eigens aus Hamburg an, um uns zu unterstützen. Jetzt wohnen sie bei mir, so wie ich früher bei ihnen. Simone ist sich für keine Arbeit zu schade. Als der Toilettenwagen angeliefert wird, erklärt sie sich bereit, auf dem stillen Örtchen nach dem Rechten zu sehen. „Klar, mach ich, kein Problem!“ Und Emelie wird die Essens-Kasse übernehmen, obwohl das bedeutet, über Stunden hinweg in der sengenden Sonne zu schmoren und dabei immer schön freundlich zu bleiben. Sie hätten gern? Sie wünschen? – „Kein Problem!“

Wie oft ich diesen Satz in diesen Juni-Tagen gehört habe: „Kein Problem!“, wenn die schweren Kühlschränke und Getränkekisten geschleppt werden müssen, „Kein Problem!“, wenn gespült, geputzt, aufgeräumt und wieder aufgebaut werden muss, „Kein Problem!“, wenn in der Bruthitze der kleine Pool für die Kinder geschrubbt und aufgestellt wird. „Kein Problem!“ – nicht mal dann, als aus dem Hof verzweifeltes Kindergeschrei ertönt. Carmen rennt raus wie ein geölter Blitz. Fritz hat seinen Arm in einen Sonnenschirmständer gesteckt und bekommt ihn nicht mehr raus. Gibt er den Michel aus Lönneberga mit seiner Suppenschüssel auf dem Kopf? Carmen zieht einmal energisch, noch mehr Gebrüll, aber Arm und Kind sind frei. Sie schnappt sich Fritz, bringt ihn zu unserer Mutter Ilse „Kannst du mal eben nach ihm schauen?“ – „Komm zur Oma. Kein Problem!“, sagt Ilse, die vor einem Riesenberg Erdbeeren für Erdbeerkuchen sitzt.

Vorsichtig hebt Carmen Johan aus dem Stubenwagen, ihren zweiten Sohn, der gerade ein paar Wochen alt ist, und stillt ihn. Dann rennt sie weiter, weil wir alle in diesen Tagen nur am Rennen sind.

Anfang Juli werde ich für einige Metzger und Bäcker aus der Gegend Fotos für einen Wettbewerb machen und ihre zubereiteten Speisen ablichten. Sie revanchieren sich im Voraus und kümmern sich um das Essen. Und vielleicht hat das ja sogar noch einen Nebeneffekt: Wenn gerade die Jungen bei einer solchen Gelegenheit mitbekommen, wie gut Selbstgemachtes ankommt, denken sie womöglich im Laufe ihres Berufslebens daran und besinnen sich auf das alte Handwerk, das sie gelernt haben, statt den Bäckerei-Ketten mit ihren Aufbackteiglingen freie Bahn zu lassen. Erst mal aber gilt für heute: Eine Hand wäscht die andere. In diesen Tagen waschen viele andere Hände meine Hände und die meiner Familie. Was für eine Erfahrung!

Trotzdem weiß ich allmählich nicht mehr, wo mir der Kopf steht. Anfang des Monats habe ich mir einen Finger gebrochen. Mit dem Gips kann ich selbst weniger mit anpacken als mir lieb ist. Ich packe natürlich trotzdem mit an. Der Erfolg: Der Finger verheilt zwar gut, dafür bricht ständig der Gips. Die Ärztin im Krankenhaus kneift schon die Lippen zusammen, wenn ich wieder zum Verbandswechsel vorbeirausche. „Du sollst deine Hand doch schonen!" Ja, ja.

Und dann ist es so weit, das Wochenende beginnt, der erste Abend ist schön, die Mundart-Musik, Speis und Trank kommen gut an, nur hätten nach meinem Geschmack mehr Leute kommen können. Ausgerechnet die Rüsselhäuser machen sich rar.

Am Samstagabend ändert sich das. Da werden wir mit dem Bierbänke-Aufbauen gar nicht mehr nachkommen, so groß wird der Andrang sein.

Erst mal rückt am Nachmittag die Band für den Abend an, *Hiss*. Fünf Männer, Akkordeon, Mundharmonika, Gitarre, Bass, Schlagzeug. Sie haben hier ihre Fangemeinde, viele Gäste werden wegen ihnen zu uns kommen. Und als sie später auf die Bühne stapfen, einen auf Piraten-Abenteurer machen und loslegen, verstehe ich auch, warum.

„Ich hab die ganze Welt gesehn ...", stimmen sie an. „Ich auch", denke ich. Zwar ist die Musik eher Country statt Piraten, der Mundharmonika-Spieler hat sein langes Haar gelöst, und die Moderation ist, wie solche Moderationen halt so sind: mit reichlich Männerwitzen gespickt, aber die Stimmung ist super.

Mein Vater Helmut, der so gern Witze erzählt, sitzt vor seinem Bierglas an einem der Tische und schaut sichtlich zufrieden in die Runde. „Karl Valentin und Liesel Karstadt? Bekannt?", fragt er seine Tischnachbarin – schon erzählt er wieder einen Witz. Die Umsitzenden biegen sich vor Lachen. Immer wieder geht jemand vorbei und begrüßt ihn, dann werden ein paar Worte gewechselt, viele sind es nicht, Schultern werden geklopft. „Einen schönen Hof hast du", sagen die Leute anerkennend, und: „Na? Hättest du dir das mal träumen lassen, dass der Martinshof so ein Publikumsmagnet wird?" – „Nö", sagt mein Vater, weil so mein Vater eben ist. Dann dreht er sich um, beugt sich über den Tisch und sagt zu der Frau, die ihm gegenübersitzt: „Kennst du den Witz ...?" Schallendes Gelächter, mein Vater lehnt sich profitlich zurück. Punktlandung. Meine Mutter streicht ihm über die Schulter. „Ilse, was willst du trinken? Doch nicht den ganzen Abend bloß Wasser?" Sie winkt ab, aber als dann doch ein Bier vor ihr steht, prosten die beiden sich zu. Die Freundin, die ich darauf abgestellt habe, ein paar Fotos zu machen, drückt ab. Die Band intoniert den nächsten Hit: „Die Versuchung kam in Flaschen ..."

„Na ja", witzelt eine Frau, „bei mir kam die Versuchung eher als Flasche." Noch mehr brüllendes Gelächter. Die Frau zündet sich stoisch eine Zigarette an, pustet mit dem Rauch ihre Enttäuschung in die Luft und verscheucht beides mit der Hand. Weg. Aus. Vorbei. „Ach", sagt der Mann der neben ihr sitzt, „das war doch sicher nicht das erste Mal?"

Wenn das ein Trost sein soll, geht der Versuch gründlich daneben, die Frau zieht die Augenbrauen hoch und will schon einen Kommentar abfeuern, doch als hätte die Band es gehört, röhrt der Frontmann mit seinem akkurat gestutzten Bärtchen einen Satzfetzen in den Nachthimmel: „... auf die harte Tour gelernt ...“

Carmen hat in der Zwischenzeit einen Martinshof-Burger und Bier auf ein Tablett geladen, das wird sie gleich Martin vorbeibringen. Er hört von der Terrasse aus die Musik und genießt aus der Ferne. Ich glaube, er genießt wirklich. Es geht ihm besser in diesen Tagen. Vielleicht greift das Medikament ja doch? Immer wieder sehe ich ihn fast aufrecht im Türrahmen stehen. „Er ist ein großer Mann“, denke ich dann und hätte es doch fast vergessen.

Und während ich mich mit einer alten Schulfreundin unterhalte, die aus Stuttgart angereist ist, spüre ich eine Hand auf meiner Schulter, die Hand meines Vaters.

„Gerd“, sagt er, „dahinten müssen die Gäste stehen. Bau doch noch mal ein paar Bierbänke auf.“

Und das mache ich dann auch.

Inzwischen haben einige angefangen zu tanzen, der Hof brummt, vom Bauernverband sind Leute gekommen, die Kulturbeauftragte aus Niederstetten mit ihrer unschlagbaren, charmanten Berliner Schnauze ist auch da – es sind so viele, die hier und jetzt zusammensitzen, quatschen, lachen, essen, trinken.

Ganz spät oder ganz früh sind fast alle Gäste gegangen, nur noch eine Gruppe Versprengter sitzt an einem Tisch und leert die letzten Gläser.

Und dann ist Sonntag, bald High Noon, und der Martinshof ist schon wieder voller Leute.

An diesem dritten und letzten Tag spielt das *Hohenlohe Jazzkränzchen.* In der Scheune übertrifft ein Kuchen die nächste Torte. So viele haben mitgemacht. Immer wieder hat in den

Wochen das Telefon geklingelt, mir bislang unbekannte Frauen haben über ein paar Ecken von dem Hoffest erfahren: „Ich back dir einen Kuchen, wenn du willst."

Jetzt steht Zitronen-Minz-Torte neben Stachelbeer-Baiser, Käsekuchen neben Zimtschnecken, ein Kirschkuchen leistet dem Erdbeerkuchen meiner Mutter Gesellschaft – es ist eine Augen- und Gaumenweide. Am Ende zählen wir 37 Kuchen und Torten. Wer das nicht mit eigenen Augen gesehen hat, glaubt ohnehin nicht, was da aufgefahren worden ist.

Auch am Sonntag sitzen die Leute im Hof beisammen, obwohl die Sonne immer noch brüllt, aber in der Scheune ist es kühler, unter den Sonnenschirmen auch. Wir haben ein weiteres Zelt aufgebaut, das Schatten spendet, und im Planschbecken springen die Kinder herum. An diesem letzten Tag sind endlich auch die Rüsselhäuser zu uns gekommen. Das bedeutet mir viel. Die Gespräche drehen sich vielfach um den Abend davor: „Wart ihr da? Nein? Da habt ihr was verpasst ..." Und dann höre ich, wie die Leute schwärmen, und freue mich.

Mit diesem Hoffest habe ich das Beste aus beiden Welten vereint: die Ästhetik und den Kulturanspruch der Modewelt mit der Nachhaltigkeit und den Produkten der Landwirtschaft, den Zusammenhalt der Landgemeinschaft mit dem Teamgeist einer Foto-Crew, die Feierlaune der Dörfler wie der Städter und vielleicht auch meine Fähigkeit, Menschen zusammenzubringen und etwas schön zu machen. Das alles ist aufgegangen.

Unter der Überschrift „So muss das Paradies aussehen" ist einen Tag später in der Zeitung zu lesen: „Das schreit förmlich nach mehr: Kuschelig, klasse organisiert und hinreißend. Mit einem Mini-Festival machte der Rüsselhäuser Martinshof den Ort drei Tage lang zum Sympathie-Dorf."

»So muss
DAS PARADIES
aussehen.«

ABSPANN

Inzwischen sind wir seit zwei Jahren fertig mit der Umstellung auf Bio. Viele meiner Ziele habe ich erreicht. Wir erwirtschaften bessere Umsätze. Die Kühe haben mehr Weidegang und sind gesünder. Aber nicht alles klappt reibungslos.

Auf dem Feld sieht man die Veränderung am meisten. Die Erträge sind zum Teil erheblich zurückgegangen. Das Unkraut sprießt dafür umso mehr. Nicht, weil das bei Bio eben so ist, sondern weil wir noch viel lernen müssen. Wirtschaftlich ist der Ackerbau aber schon jetzt erfolgreich. Denn die nicht unerheblichen Kosten für Dünger und Pflanzenschutzmittel fallen nun weg.

Auch im Stall gibt es noch zu tun: Immer noch haben wir hauptsächlich Schwarzbunte. Mitte dieses Jahres wurden aber die ersten Kälber geboren, die aus einer Kreuzung mit dem Fjäll-Rind, einer alten schwedischen Rasse, entstanden sind.

Wir haben sozusagen bei unseren Kühen einen Gang runtergeschaltet. Dauerhaft möchte ich aber nach wie vor auf die Milchviehhaltung verzichten.

Würde ich heute ein Selbstporträt von mir schießen, wäre darauf ein Mann zu sehen mit sonnengebräunter Haut, blondem Haarschopf und einem Lächeln im Gesicht. Einem skeptischen, einem vorsichtigen Lächeln, aber einem Lächeln. Es wäre ein Mann zu sehen, der direkt in die Kamera schaut, auf einem Foto, das zeigt: Dieser Mann – ich – bin angekommen. Jedenfalls für den Moment.

Wie ich das geschafft habe? Vielleicht, weil ich es nicht darauf anlegt habe. Ich habe mir nie sonderlich viel vorgenommen, darum war ich umso überraschter, wenn Dinge sich quasi wie von selbst ergeben haben.

Natürlich weiß ich, dass meine verschiedenen Stationen und Entwicklungen nicht einfach so vom Himmel gefallen sind. Ich habe viel gesehen und viel erlebt, ich bin gereist, ich bin rumgekommen in der Welt, ich habe gearbeitet, in der Stadt und auf dem Land. Ich habe mich meinen Aufgaben gestellt und habe einiges dafür getan weiterzukommen. Ich wollte wissen, wie etwas funktioniert, damit es läuft. Ich habe ausprobiert, geübt und viel gelernt. Heute bin ich ausgebildeter Koch, Fotograf, ausgebildeter Landwirt.

Bis heute sind mir von allen Stationen meines Lebens Freunde geblieben. Ich möchte keinen meiner Lebensabschnitte missen. Keiner ist mir peinlich.

Dabei habe ich meine Karriere nicht geplant. Ich habe durchgehalten und nicht aufgegeben, aber verbissen war ich nie. Ich wusste immer wieder an bestimmten Punkten in meinem Leben nicht, wie es konkret weitergehen soll. Aber ich hatte vielleicht von jeher eine gute Selbstwahrnehmung gerade im Hinblick auf das, was für mich stimmt und was nicht. Dann ist es auch einfacher, mit Frust, Entmutigung, Misserfolg konstruktiv umzugehen.

Intuition und Zielstrebigkeit gehen bei mir anscheinend gut Hand in Hand. Wenn ich erst mal an einem Punkt angekommen bin, an dem ich feststellen muss, dass es so nicht weitergeht, ziehe ich die Konsequenzen, sogar, wenn es die Notbremse ist. Wenn ich aber weiß: Das ist es, das will ich machen, lasse ich mich mit Haut und Haaren darauf ein.

Diese Leidenschaft ist für mich der stärkste Motor: Ich muss brennen für das, was ich tue. Ich muss beteiligt sein an einem Gestaltungsprozess. Und wie es sich anfühlt, etwas Sinnvolles zu tun, selbst wenn es harte Arbeit bedeutet, die wenig Geld abwirft, habe ich von Kindesbeinen an mitbekommen.

Von meiner Familie lerne ich bis heute, nicht zuletzt, wie wichtig es ist vorzubauen, damit man irgendwann weniger arbeiten und schließlich beruhigt aussteigen kann.

Ganz langfristig möchte ich, dass, wenn ich in dreißig Jahren nicht mehr arbeite und niemand aus der Familie den Martinshof übernehmen will, ich zumindest sagen kann: „So, jetzt bin ich 68, ich habe mein Berufsleben lang gearbeitet, jetzt kann ich mich mit Fug und Recht zur Ruhe setzen."

Trotzdem werde ich weiter damit beschäftigt sein, die Obstbäume zu schneiden, Schnaps zu brennen, den Garten schön zu halten. Ich wohne bis dahin auf einem Hof, der abbezahlt ist. Alles, was mich dann vielleicht noch zwanzig Jahre aushalten muss, ist komplett saniert und steht wirtschaftlich gut da. Ich habe ein Dach über dem Kopf und Leute um mich rum. Das möchte ich schaffen. Und zwar auf einem ästhetischen Niveau, wie ich es mir vorstelle und wie ich es mir für kreative Menschen wünsche.

Bis heute bin ich dem gefolgt und folge weiter dem, was das Leben anbietet. Mit offenen Augen und offenem Herzen. Das, was ich mache, muss mir sinnvoll erscheinen – egal, ob in einem kleinen Dorf in Deutschland oder im Land der unbegrenzten Möglichkeiten, egal, ob im Fotostudio mit den Berühmtheiten, den echten Stars oder Sternchen aus der Klatschpresse vor der Nase, oder im Kuhstall.

Ich habe etwas verwirklicht, was mich beschäftigt und inzwischen ausmacht: Ich bin Biobauer. Ich setze mich für Nachhaltigkeit und Aufklärung, für Biodiversität und Veränderung ein.

Wir stehen immer noch am Anfang. Aber an der Stelle, an der ich bin, versuche ich, etwas anders, etwas besser zu machen.

Das können alle, wo oder wie auch immer sie gerade leben.

Damit am Ende aufgeht: „Leben ist … was du daraus machst.“

Die Ereignisse in diesem Buch sind größtenteils so geschehen, wie hier wiedergegeben. Aus Gründen des Personenschutzes und für den dramatischen Effekt sind jedoch einige Namen und Ereignisse so verfremdet worden, dass die darin handelnden Personen nicht erkennbar sind.

echtEMF ist eine Marke der Edition Michael Fischer

1. Auflage
Originalausgabe

Covergestaltung: Yvonne Witzan, Coverfoto: © Carmen Drehr
Bildnachweis: S. 118, 152 oben, 163 oben, 198, 199, 216, 231, 244 oben und unten rechts, 245 unten: © Kris Finn für Maschinenringmagazin; S. 212, 254: © Thomas Jäger; S. 76 oben: © Sabine Liewald; S. 76 unten links: © Romy Oberender;
Alle anderen: © privat
Layout/Satz: Yvonne Witzan
Gedruckt bei GGP Media GmbH, Karl-Marx-Straße 24, 07381 Pößneck

ISBN 978-3-96093-435-6

www.emf-verlag.de